AIIRs

AIRBORNE INFECTION ISOLATION ROOMS

음압격리병실

HYUNG JIN YOON 윤 형 진

DOCUMENT/PLANS

윤 형 진

텍사스 유학시절 EBD(Evidence Based Design)과 치유환경(Healing Environment)을 공부하면서 의료시설계획에 첫발을 들였고 미국건축사를 취득했다. WHR Architects에서 병원건축으로 실무경험을 쌓으며 Methodist Hospital Outpatient Center, Trinity Mother Frances Hospital Heart Center, Stamford Hospital Expansion, MD Anderson Cancer Center MD1 Building 등의 설계에 참여했다.

감염병 치료시설과의 본격적인 인연은 메르스 사태가 종식될 무렵 국가중앙 감염병 전문병원 설립 방안 연구에 참여하면서부터이다. 이 연구는 치유환경이라는 단어를 빌려 조금 더 인간을 배려하는 감염병 격리 치료시설이 무엇인지를 고민하게 된 시작점이다.

그 후 감염병 치료시설이 확충되면서 국가지정 입원치료병상과 감염병 전문병원 설립 사업에 건축 전문가로 참여하여, 지난 4년 동안 전국 29개 병원의 감염병 치료시설을 계획하거나 심의하고 동시에 의료현장을 방문하고 점검해왔다.

밤밭 노인복지관, 홍성 장애인체육관, 성동구 복합복지센터 등 다수의 의료 복지 시설을 설계하였고, 의료시설 분야의 연구로 중앙감염병 전문병원 설립방안 연구, 의료기관 건축설계 가이드라인 연구, 보건소 상시선별진료소 표준도서개발 연구 등이 있다.

지금까지 고위험 감염병 치료에 고군분투했던 시간의 이정표로서 감염병치료시설의 건축 평면을 소개하고자 합니다. 더불어 감염병 치료시설 계획을 이해하기 위한 자료와 문헌정보를 간단히 정리하여 종합적인 참고자료가 될 수 있도록 했습니다. 이러한 사례들이 감염병 치료시설의 건축 평면 구성을 이해하고 앞으로 새로운 경험과 생각을 반영하여 발전하는 데 도움이 되었으면 합니다.

감염병 치료를 위해 일선에서 묵묵히 자리를 지키고 계신 모든 분들께 감사를 드리며, 지난 겨울 제게 자문을 요청하셨던 어느 건축사님께 보내드린 편지의 일부를 옮겨 봅니다.

감염병 치료시설은 병원에서 세운 계획대로 감염환자를 격리하고 치료하기에 적합한 시설이어야 하겠지요. 그러나 이 속의 사람들도 같이 존중해야 합니다. 보호복을 입는 의료진도 두렵고 실수할 수 있는 사람들이고, 격리되어 긴 시간을 혼자 지내야 하는 환자는 병마와 함께 공포와 외로움에 맞서야 하는 사람이며, 폐기물을 처리하는 용역직원들도 안전해야 하는 치료의 동참자라는 것을 기억해주셨으면 합니다. 이들 모두가 다시 가족을 보고 싶어 한다는 점도 마찬가지입니다. 그들이 창문 너머 햇빛을 보며 일하고 항상 누군가 같이 있다고 느끼게 해주세요. 그리고 두려움 없이 방문을 열 수 있었으면 합니다.
선생님, 우리는 건축가입니다.
무엇을 계획하시든지 그 중심에는 반드시 사람이 있어야 합니다.

윤 형 진 드림

무엇을 치료할것인가?

어떻게 치료할것인가?

어떻게 보호할 것인가?

감염환자의 격리 및 치료와 의료진의 안전을 우선으로 고려한다.
환자의 치료 및 격리에 충분한 물리적 환경을 제공한다.
환자와 의료진 모두가 인격적으로 존중받을 수 있도록 한다.

감염병 치료시설의 평면에는 면적과 치수를 결정하기 위한 보이지 않는 관계들이 숨어 있다. 가장 기본적으로는 감염관리에 필요한 기능을 지원하는 것에서부터 각 병원의 운영 계획, 의료 및 인력 계획, 기존 병원의 시설 현황, 어쩌면 지역의 방역계획과 국가의 방역체계까지 거슬러 올라가야 할 수도 있다.
이러한 관계를 바탕으로 주요감염병 치료 시설을 위한 세부 시설별 기준이 법과 지침을 통해 제시되고 있으며, 기계설비와 폐수처리시설과 같이 음압격리병동 외부에 추가로 소요되는 공간의 크기와 위치 역시 이러한 시설기준을 반드시 고려하여 설치해야 한다.

AIIRs

AIRBORNE INFECTION ISOLATION ROOMS

음압격리병실

DOCUMENT

감염 매개에 따른 분류

공기매개전파(Airborne Transmission)*

5 ㎛ 이하의 작은 입자에 의해 발생한다.
3feet(약 0.9m) 이상의 거리를 기류에 의하여 이동하며 분산될 수 있으며 대면 접촉을 하지 않았거나 같은 방에 있지 않아도 민감한 경우 감염될 수 있다.
Spores of Aspergillus spp, Mycobacterium tuberculosis(Tuberculosis/결핵), Rubeola virus (Measles/홍역), Varicella-zoster virus (Chicken-pox/수두), Varicella zoster (Zoster/대상포진), Variola major/Variola minor(Smallpox/천연두)와 같은 바이러스(질병)이 있다.

공기매개주의(Airborne Precaution)**

환자를 음압격리병실에 격리하고 환자는 마스크를 착용한다.
홍역, 수두, 대상포진, 천연두에 걸리거나 의심되는 의료진의 격리병실 출입을 제한한다.
개인보호구(PPE)를 착용하며, N95 또는 이상의 성능을 가진 마스크를 착용한다.
환자의 이동 또는 이송을 제한하고 이송시 환자는 마스크를 착용한다.
예방접종으로 가능한 질병의 경우 예방접종을 실시한다.

비말전파(Droplet Transmission)*

5 ㎛ 이상의 입자로 공기를 통해 장거리를 이동하지 않지만 최대 이동거리는 미확인상태이다.
기침, 재채기, 대화 또는 기관지 흡입이나 내시경, CPCR 등 처치시 발생한다.
비말이 감염된 환자의 호흡기에서 숙주의 점막에 직접이동하여 감염된다.
역학적으로 환자 주변으로 최소 3feet(약 0.9m) 거리를 유지하도록 해야 한다.
Bordetella pertussis, Influenza virus, Adenovirus, Rhinovirus, Mycoplasma pneumoniae, Coronavirus (SARS, MERS), Group A streptococcus, Neisseria meningitidis 등의 바이러스(질병)이 있다.

비말주의(Droplet Precaution)**

기침, 재채기 또는 대화하는 중 환자의 비말에 의하여 전파되며, 감염의 위험이 있거나 의심되는 환자에게 적용한다.
환자에게 마스크를 착용하도록 한다.
적절한 환자의 격리공간을 제공하며 가급적 1인실 사용을 권장한다.
개인보호구(PPE)를 착용한다.
가급적 환자의 이동 또는 이송을 제한하며, 이송시 환자는 마스크를 착용해야 한다.

접촉전파(Contact Transmission)*

사람과 사람간의 접촉에 의하여 전파되거나 오염된 중간매개체에 의하여 전파된다.
환자의 혈액 또는 점막과의 접촉, 구강관리 시 HSV(Herpes simplex virus/ 성매개 감염병)전파 등 직접적인 접촉에 의한 전파와, 옴 / 진드기 / 모기 등에 의한 생물 매개에 의한 전파, 손위생이 철저하지 않은 경우/ 의료장비 / 장난감 / 의료 도구의 멸균 미흡에 의한 간접 전파가 있다.
Ebola Virus, MRSA-Methicillin Resistant Staphylococcus Aureus, VRE-Vancomycin-Resistance Enterococci, Clostridioides difficile 등의 바이러스(질병)이 있다.

접촉주의(Contact Precaution)**

접촉전파의 위험이 있거나 의심되는 환자에게 적용한다.
적절한 환자의 격리공간을 제공한다.
가운과 장갑 등 개인보호구(PPE)를 착용한다.
가급적 환자의 이동 또는 이송을 제한한다.
환자가 머문 공간, 특히 환자가 자주 접촉한 표면을 청소 및 소독한다.

* Guideline for Isolation Precautions: Preventing Transmission of Infectious Agents in Healthcare Settings. CDC, p15-18. 68-70. 2007,2019
Last update: July 2019 Page 17 of 206
**Transmission - Based Precautions, CDC, 2016
https://www.cdc.gov/infectioncontrol/basics/transmission-based-precautions.html,
CDC : Centers for Disease Control and Prevention / NCEZID : National Center for Emerging and Zoonotic Infectious Diseases / DHQP : Division of Healthcare Quality Promotion

법정감염병 분류체계, 질병관리본부, 2019*

구분**	감염병종류
제1급감염병(17종)	에볼라바이러스병, 마버그열, 라싸열, 크리미안콩고출혈열, 남아메리카출혈열, 리프트밸리열, 두창, 페스트, 탄저, 보툴리눔독소증, 야토병, 신종감염병증후군, 중증급성호흡기증후군(SARS), 중동호흡기증후군(MERS), 동물인플루엔자인체감염증, 신종인플루엔자, 디프테리아
제2급감염병(20종)	결핵, 수두, 홍역, 콜레라, 장티푸스, 파라티푸스, 세균성이질, 장출혈성대장균감염증, A형간염, 백일해, 유행성이하선염, 풍진, 폴리오, 수막구균 감염증, b형헤모필루스인플루엔자, 폐렴구균 감염증, 한센병, 성홍열, 반코마이신내성황색포도알균(VRSA)감염증, 카바페넴내성장내세균속균종(CRE)감염증
제3급감염병(26종)	파상풍, B형간염, 일본뇌염, C형간염, 말라리아, 레지오넬라증, 비브리오패혈증, 발진티푸스, 발진열, 쯔쯔가무시증, 렙토스피라증, 브루셀라증, 공수병, 신증후군출혈열, 후천성면역결핍증(AIDS), 크로이츠펠트-야콥병(CJD) 및 변종크로이츠펠트-야콥병(vCJD), 황열, 뎅기열, 큐열, 웨스트나일열, 라임병, 진드기매개뇌염, 유비저, 치쿤쿠니야열, 중증열성혈소판감소증후군(SFTS), 지카바이러스감염증
제4급감염병(23종)	인플루엔자, 매독, 회충증, 편충증, 요충증, 간흡충증, 폐흡충증, 장흡충증, 수족구병, 임질, 클라미디아감염증, 연성하감, 성기단순포진, 첨규콘딜롬, 반코마이신내성장알균(VRE) 감염증, 메티실린내성황색포도알균(MRSA) 감염증, 다제내성녹농균(MRPA) 감염증, 다제내성아시네토박터바우마니균(MRAB) 감염증, 장관감염증, 급성호흡기감염증, 해외유입기생충감염증, 엔테로바이러스감염증, 사람유두종바이러스 감염증

*질병관리본부는 법정감염병 분류체계를 기존의 질환별 특성(물/식품매개, 예방접종대상 등)에 따른 군(群)별 분류에서 심각도·전파력·격리수준을 고려한 급(級)별 분류로 개편하였다. (http://www.cdc.go.kr/contents.es?mid=a21110000000)

** 제1급감염병 : 생물테러감염병 또는 치명률이 높거나 집단 발생 우려가 커서 발생 또는 유행 즉시 신고하고 음압격리가 필요한 감염병

제 2 급감염병 : 전파가능성을 고려하여 발생 또는 유행시 24시간 이내에 신고하고 격리가 필요한 감염병

제 3 급감염병 : 발생 또는 유행 시 24시간 이내에 신고하고 발생을 계속 감시할 필요가 있는 감염병

제 4 급감염병 : 제1급~제3급 감염병 외에 유행 여부를 조사하기 위해 표본감시 활동이 필요한 감염병

관련 법규

의료법(별표 4)

바. 병상이 300개 이상인 종합병원에는 보건복지부 장관이 정하는 기준에 따라 전실 및 음압시설(방 안의 기압을 낮춰 내부 공기가 방 밖으로 나가지 못하게 만드는 설비)등을 갖춘 1인 병실(이하 음압격리병실)을 1개 이상 설치하되, 300병상을 기준으로 100병상 초과할 때마다 1개의 음압격리병실을 추가로 설치하여야 한다.

감염병의 예방 및 관리에 관한 법률(별표 4의 2)

1. 설치기준 : 다음 각 목의 구분에 따라 설치하여야 한다.
가. 음압병상 : 15㎡ 이상의 면적을 확보
나. 전실 : 음압병상이 있는 음압구역과 비음압구역을 물리적으로 구분할 수 있는 장소에 설치
다. 화장실 : 음압병상이 있는 공간에 설치
라. 음압용 공급 · 배출 시설 : 다른 공급 · 배출시설과 구분하여 설치하고, 헤파필터(HEPA filter)를 설치
마. 음압용 역류방지시설 : 음압병상이 있는 공간의 배관에 설치
바. 음압용 배수처리집수조 시설 : 다른 배수처리집수조 시설과 구분하여 설치

2. 운영기준
가. 음압병상이 있는 공간과 전실, 전실과 비음압구역 간의 음압차를 각각 -2.5 pa(-0.255 mmAq) 이상 유지
나. 음압병상이 있는 공간과 전실은 1시간에 6회 이상 환기
다. 배수처리집수조에 있는 물은 소독하거나 멸균한 후 방류

응급의료에 관한 법률(별표 5의 2)

권역응급의료센터의 지정 기준
가. 시설기준
2) 감염병환자를 위한 음압격리병상 및 일반격리병상은 응급실 인근에 다른 구역과 분리하여 설치할 수 있으며, 소아환자를 위한 응급실을 별도 운영하는 경우 소아환자 진료구역도 응급실 다른 구역과 분리하여 설치할 수 있다.
3) 응급실 입구 환자 분류소에서 감염의사환자를 선별하고, 일반 응급환자와 동선을 분리하여 음압격리병상 등에서 격리진료를 받을 수 있도록 시설을 갖추어야 한다.
4) 응급실 전용 시설기준
바. 음압격리병상
· 외부로부터 완전히 밀폐되고 필터링된 급기
· 배기 및 음압제어, 환기가 가능한 시설을 갖출 것
· 각 병상은 1인 격리실로 설치할 것
· 보호구 장비 및 손세척을 할 수 있는 전실을 갖출 것
· 2병상 이상을 확보할 것

국내 참고 문헌

감염병 전문병원 설립방안 연구 개발, 질병관리본부, 충남대학교, 2016

국가지정 입원치료병상 운영과 관리 지침, 보건복지부 질병관리본부, 2019

국가지정 입원치료병동 및 거점병원 시설기준 개선 작성 연구, 아주대학교, 2014

의료기관 건축설계 가이드라인 연구, 보건복지부, 사/한국의료복지건축학회, 2018

코로나바이러스감염증-19(코로나19) 감염예방 및 관리-보호구선택과 착탈의방법, 질병관리청, 2020.

국외 참고 문헌

Centers for Disease Control and Prevention(CDC) and Healthcare Infection Control Practices Advisory Committee(HICPAC), Guidelines for Environmental Infection Control in Health-Care Facilities, 2003

Centers for Disease Control and Prevention(CDC), Guideline for Isolation Precautions: Preventing Transmission of Infectious Agents in Healthcare Settings, 2007

Department of Health, Health Building Note 04-01, Supplement 1, Isolation facilities for infectious patients in acute settings, 2013

Department of Health, Health Building Note 04-02, Critical care units, 2013

European Network for Highly Infectious Diseases, Manual for the safe and appropriate management of Highly Infectious Disease patients in isolation facilities, 2011

Public Health Agency of Canada, Laboratory Biosafety Guidelines 3rd Edition, 2004

The Facility Guidelines Institute(FGI), Guidelines For Design and Construction of Health Care Facilities 2010, 2014

Victorian Advisory Committee on Infection Control, Guidelines for the classification and design of isolation rooms in health care facilities, 2007

World Health Organization, Avian Influenza, Including Influenza A (H5N1), in Humans: WHO Interim Infection Control Guideline for Health Care Facilities, 10 May 2007

World Health Organization, Infection prevention and control of epidemic- and pandemic-prone acute respiratory diseases in health care, June 2007

용어의 정리

음압격리병실은 감염병 환자가 입원하는 전실과 화장실을 포함한 병실을 말하며 병실 내부는 지속적인 음압이 유지되어야 한다.

평시란 감염병 위기관리 표준매뉴얼에 따른 위기 경보 수준 중 관심 단계를 말한다.
위기시란 감염병 위기관리 표준매뉴얼에 따른 주의, 경계, 심각 단계를 말한다.

인터락킹(Interlocking)은 두 문이 동시에 열리지 않도록 설정하는 것이다.
전실의 경우 음압유지를 위하여 전후 출입문에 인터락킹을 설정한다.
인접한 두 실의 출입문의 동시 개방 시 공기의 섞임을 통한 교차감염이 우려될 때 인터락킹을 설정한다.
단, 화재 등 재난 시 수동 또는 자동으로 해제가능하도록 한다.

개인보호구(이하 보호복, PPE/Personal Protective Equipment)은 호흡기, 눈, 손, 발을 포함한 전신과 의복을 감염원으로 보호하도록 고려하여 선택한다.*
보호복은 질병별 또는 감염경로, 감염 노출 상황과 행위, 용도에 맞게 선택하여 사용하는 것이 중요하므로 질병별 지침에 따른 기준을 준수해야 한다.*
보호복은 장갑, 가운, 전신보호복, 덧신, 장화, 헤어캡, 보안경, 안면보호구, 마스크로 구성되어 있으며, 마스크는 위해요소별로 수술용 마스크, 호흡기 보호구, 전동식호흡기 보호구로 구분하여 착용한다.*
보호복은 등급에 따라 Level A-D로 구분하여 착용한다.

패스박스(Passbox)는 인터락킹이 설정된 2개 이상의 문이 달린 박스형태의 장치로서, 청결 및 오염도가 다른 구역의 경계에 설치하여 사람이 출입하지 않고 물품의 이동이 필요할 때 사용한다.

고온고압멸균기(Autoclave)는 오염물을 고압고온으로 멸균하는 장치를 말한다.
오염물의 인입구와 멸균 후 배출구가 분리된 방식을 권장한다.

급배기 연동시스템은 급기시스템과 배기시스템을 상호 연동하여 배기시스템 정지 시 급격한 압력 변화로 인해 병실이 인접한 실 대비 양압이 되지 않도록 하는 시스템을 말한다.
이때, 배기시스템 (고장)정지 시 급기시스템 동작이 자동으로 꺼지도록 하고, 예비배기팬이 작동해서 압력이 안정화되면 급기가 재작동하도록 설정한다.

"헤파필터 혹은 동급이상의 필터"란 헤파필터(0.3㎛의 입자를 99.97% 이상 제거) 이상의 오염제거 기능을 가진 필터를 말한다.*
정상 운전 중 헤파필터 혹은 동급 이상의 필터의 누기율시험(PAO test) 등 확인을 위한 스캔이 가능하고, 필터교체 시 소독을 할 수 있고 밀폐가 가능한 구조로 한다.
스캔 시 입자 투과율은 0.01% 미만으로 하고, 튜브로 연결된 스캔(Probe 스캔) 방식으로 수행할 경우, 개스킷(Filter mounting frame)이 포함되도록 스캔하며 누기율은 0.005% 미만으로 한다.

*2019 국가지정 입원치료병상 운영과 관리 지침, 보건복지부 질병관리본부, 2019
**의료기관 건축설계 가이드라인 연구, 보건복지부, 사/한국의료복지건축학회, 2018

일반사항

주요 구조부는 내화구조로 해야 한다.*
천정고는 2.4m 이상을 확보한다. 적정 천정고를 유지하는 것은 격리에 대한 압박감의 경감, 장비의 사용/설치 시 천정과의 간섭 최소화, 실내 기류형성 및 공기 순환에 필요한 공간 확보 등의 이유 때문이다.
바닥과 벽체가 만나는 모서리는 이음새가 없고 둥근면으로 하여 이물질 제거가 용이하도록 한다.*

기밀(밀폐구조)*

벽체, 천장, 바닥 면의 이음새는 기밀 시공하여 공기의 이동 또는 누기가 없도록 해야 한다.
음압격리구역 내 모든 창문은 기밀성을 확보해야 한다.
콘센트, 스위치 등 부착기구와 배관의 이음부는 누기의 경로가 되지 않도록 밀폐한다.

재료*

모든 실내 재료는 음압유지를 위해 밀폐성이 좋은 재료를 사용해야 한다.
청소 및 소독을 위하여 내구성, 내수성, 내약품성이 강한 재료를 사용한다.
불연재료 또는 준불연재료를 사용한다.
커튼이나 블라인드 사용 시 유리내장형을 사용하거나 청소가 용이한 재질을 선택한다.
실리콘사용 시 항균성 실리콘을 사용한다.

가구*

음압격리병실의 집기는 최대한 벽걸이형식으로 하여 바닥의 청소가 용이할 수 있도록 한다.
환자용 가구는 이동이 손쉽게 가능하여 청소와 소독 시 방해물이 되지 않도록 한다.
붙박이 가구로 사용할 경우 바닥의 요철을 최소화하고 천정과 밀착하도록 하여 먼지가 상부에 쌓이지 않도록 하는 것이 바람직하다.

출입문, 창문과 차압계의 설치

음압구역 내 병실과 전실, 지원시설의 출입문은 자동문으로 하고 비접촉식 개폐장치를 설치한다.
비접촉식 개폐장치는 손과 발을 사용하여 개폐가 가능해야 한다.
음압이 유지되는 모든 실의 출입문에는 차압계를 설치하여 적정 음압이 유지되는 상황을 육안으로 인지하도록 해야 한다.
음압구역 내 병실 및 전실의 출입문에 강화유리문(12mm) 이상 또는 관찰창(0.72㎡ 이상) 등을 설치하여 내부를 관찰할 수 있도록 하는 것을 권장한다.*
필요 시 음압구역과 비음압구역 사이의 물품 이동을 위한 패스박스를 설치할 수 있다.*

지침의 수준**

해야 한다 - 법규에 상응하는 필수 설치 수준(minimum level, basic)이다.
한다 - 강한 권장 수준(optimum level, standard)이다.
바람직하다 - 선택적 수준(maximum level, maximum)이다.

음압격리병실

*2019 국가지정 입원치료병상 운영과 관리 지침, 보건복지부 질병관리본부, 2019
**의료기관 건축설계 가이드라인 연구, 보건복지부, 사/한국의료복지건축학회, 2018
*** Australasian Health Facility Guidelines, Infection Prevention and Control, 2016

음압격리병실

음압격리병실이란 공기 매개 감염병 환자를 격리시키기 위한 병실이다.***
감염병 환자가 입원하는 전실과 화장실을 포함한 병실을 말한다. 단 중환자실은 화장실을 설치하지 않을 수 있다.*

배치 / 의료법상 입원실 설치가 가능한 곳에 설치한다.
건축법상 피난규정을 충족해야 한다.
의료진의 접근, 환자의 이송, 물품/식사 등의 공급, 폐기물의 반출이 원활이 이루어 질 수 있어야 한다.
재난상황 발생 시 시설 고장으로 인한 감염병의 전파를 최소화 할 수 있는 곳에 설치한다.
병원 내 관련부서의 위치와 동선을 고려하여 계획한다.
운영 부서의 인력구성 및 운영계획을 충분히 반영한다.

면적과 구성 / 음압격리병실은 1인실을 원칙으로 한다.*
음압격리병실의 면적은 15㎡ 이상으로 하고, 개보수의 경우 10㎡ 이상으로 한다.**
중환자 치료를 대비하여 계획할 경우 의료진과 의료장비의 공간을 고려할 때 20㎡ 이상으로 하고 중환자 치료에 필요한 헤드월과 제반 설비를 같이 계획한다.
면적의 산정은 실제 사용하는 바닥면적으로 벽체두께를 포함하지 않는다.
병실은 구조체 등의 요철로 인하여 사용하지 못하는 공간을 만들거나 청소 및 소독에 지장을 주지 말아야 한다.
병상의 위치를 미리 고려하고 병상 좌우로 의료진 및 의료장비의 접근이 가능하도록 병실 폭을 확보한다.

화장실문 개폐 시 병상과 충돌이 없도록 충분한 병실의 폭을 확보한다.
병실에는 외부를 조망할 수 있는 창문을 설치해야 한다. **
병실의 출입문에는 내부를 관찰 할 수 있는 충분한 크기의 관찰창을 설치한다.**
복도에서 직접 관찰이 가능한 관찰창 설치 시 환자의 프라이버시 보호 계획을 수립해야 한다.**

설비 / 병실의 내부는 지속적인 음압이 유지되며 병실의 기압을 복도보다 낮게 설정하여 공기의 흐름이 복도에서 병실로 흐르도록 한다.*
배기구를 환자 머리 하부의 벽체 또는 상부 천정에 설치하여 공기가 의료진에서 환자로 흐르도록 해야 한다.
개폐가 가능한 창의 경우 누기가 없도록 조치하며, 가급적 음압의 유지를 위해 고정식창으로 설치한다.
배기구를 벽체 내에 설치할 경우, 소요설비의 두께, 설비공간, 소음과 진동을 고려한다.**

병실화장실

병실화장실은 음압격리병실에 부속된 화장실로서 병실에서 직접 출입할 수 있어야 하며 환자의 접근이 용이해야 한다.*
샤워시설을 설치하되 욕조를 설치하지 않는다.**
병실화장실 내 위생도기는 벽배관을 하여 벽에 부착할 경우 바닥의 요철을 최소화할 수 있어 청소와 소독에 유리하다.**
병실화장실의 바닥은 물이 병실 쪽으로 흐르지 않도록 바닥구배를 고려해야 한다.*
장애인화장실의 설치사항을 준수한다.**
응급호출장치를 갖추어야 한다.**
화장실 내 콘센트는 방수 또는 방우 콘센트를 사용한다.**

병실전실

병실전실은 음압격리병실의 음압 및 주변의 실간 차압을 유지하기 위하여 음압격리병실 출입문에 설치한다,
전신거울과 손씻기 시설을 설치해야 한다.
손씻기 시설 설치 시 벽배관형식의 설비배관으로하며 비접촉 수전을 설치해야 한다.
병실전실에서 보호장구를 착용할 경우 충분한 공간을 확보하고, 보호복 보관을 위한 선반과 착탈의 시 전신을 관찰할 수 있는 전신거울을 설치한다.
전신거울 설치 시 의료진이 근접거리에서 발을 확인할 수 있어야 한다.
병실전실의 전후 출입문은 인터락킹을 설정한다.
환자이송용 침대의 출입을 고려하여 출입구 폭을 확보한다.*
전실의 출입문에는 내부를 관찰 할 수 있는 충분한 크기의 관찰창을 설치한다.
환자가 임의로 병실 밖을 나가지 못하도록 보안장치가 필요하다.*

기계설비*

일반사항

음압격리구역의 공조설비는 전용 급·배기 설비로 구축하고 병원 내 다른 구역의 급·배기 설비와 분리되어야 한다.
정전, 기계고장 등으로 인해 공조시스템이 정지되는 경우에도 공기의 역류로 인한 감염의 확산 및 교차오염이 발생하지 않는 시스템을 갖추어야 한다.
헤파필터 혹은 동급 이상의 필터 교체 시 오염제거가 가능한 포트를 설치해야 한다.
창문을 열지 않고도 입원 생활을 할 수 있도록 적절한 온·습도(21-24℃, 60%이하) 유지 시스템을 설비하되 하절기 서식균(레지오넬라균 등)이 발생할 수 있는 휀코일 유니트 및 시스템 에어컨 등은 설치하지 않는다.
병실 내 소음은 50dB(A) 이하가 되는 것을 권장한다.
급·배기 연동시스템을 적용한다.

급기

전용 급·배기 시스템을 갖추어야 하고 급기는 전외기 방식으로 한다.
환기횟수는 1시간에 최소 6회 이상이 되어야 하며 12회 이상을 권장한다.
공조 정지 등의 상황에 대비하여 병실의 오염된 공기가 역류되는 것을 방지하기 위하여 병실 급기구에 헤파필터 혹은 동급 이상의 필터를 설치하거나, 각 실의 급기계통에 역류방지댐퍼(Airtight Back Draft Damper)를 설치한다.

배기

배기는 헤파필터 혹은 동급 이상의 필터를 통해 전량 외부로 배출한다.
배기구는 환자 쪽에 배치해야 하고, 환자의 머리 근처 벽 하단부에 설치하는 것을 권장한다.
각 실로부터 나오는 배기덕트는 단독으로 배기하고, 배기팬은 말단에 설치한다. 다만 각 실의 배기구마다 필터를 설치하거나 역류방지댐퍼 (Airtight Back Draft Damper)를 설치한 경우에는 필터 또는 댐퍼 후단부터 배기덕트를 통합하여 배기할 수 있다.
건물외부의 배기구는 지상에서 2m 이상에 설치하여 주변의 외부인에게 직접 배기되지 않도록 하고 2m 이내 타 시스템의 인입구가 없어야 한다. 또한 배기구의 방향이 타 시스템의 인입구와 마주보지 않도록 설치하는 것을 권장한다.
설정 음압유지를 위해서 필요한 배기량보다 충분한 용량을 갖는 설비의 설치를 권장한다.
음압격리구역의 배기팬은 예비배기팬을 설치하여 고장에 대비하는 것을 권장한다.

음압의 제어

오염도가 낮은 곳에서 높은 곳으로 공기가 흐르도록 실내의 공기압력을 조정한다.
음압격리병실 등의 실내 공기압력을 안정적으로 제어하기 위해서 음압격리병실과 병실전실에 급기구 및 배기구를 설치하되 병실 내 화장실의 경우 배기구만 설치한다.
화장실, 병실, 병실전실, 내부복도 등의 실간 차압은 각각 -2.5Pa 이상을 유지 할 수 있도록 한다
차압이 유지되는 실의 출구에는 소수점 한 자리(0.1Pa)까지 표시되는 차압표시기를 설치한다. 단, 음압구역 내 실간 차압을 4Pa 이상 확보한 경우 1Pa 단위의 차압표시기 설치 가능하다.
음압격리구역의 음압이 적절히 유지되도록 공조 제어기는 중앙통제실 등에 설치하고, 관리자 이외에는 공조 제어를 할 수 없도록 해야 한다.
이상 발생 시 알람을 통해 관리자 및 의료진이 바로 조치할 수 있도록 해야 하며 오작동 발생 시 자동으로 기록되도록 해야 한다.

위생설비

위생기구

손씻기 시설은 세면 등에도 사용가능한 것으로 물이 튀지 않는 구조로 하고 손목까지 충분히 들어가는 크기로 한다.
위생기기의 수전은 손을 대지 않고 사용할 수 있는 구조(센서감응식 등 비접촉식 자동 수전)로 설치하도록 한다.
음압격리병실의 화장실은 센서식이나 후레쉬 밸브 타입을 사용한다.

급수 및 급탕

급수는 말단 위생기구 이전에 역류로 인한 오염을 방지하기 위하여 역류방지 밸브를 설치한다.
급탕은 교차오염을 방지할 수 있는 개별급탕시설로 한다. 다만, 각 실마다 유효한 역류방지 밸브를 설치한 경우에는 급탕 재순환이 가능하다.
급수관으로 역류가 일어나지 않도록 급수관과 대변기를 접속한다.

배수

손씻기 용기나 변기 등에 접속시킨 배수관, 통기관은 배수가 역류하지 않도록 설치한다.

의료가스설비

산소와 압축공기는 일반계통과 함께 공급할 수 있다. 다만, 특정구역을 자동차단 밸브(Shut-off valve)로 관리할 수 있도록 분기하도록 한다.
운반용 의료가스 설비의 이용도 가능하다.
의료가스의 출구 상자(Outlet box)를 병실의 벽면에 매입하는 경우에 해당 병실 외부의 공기가 유입되지 않는 구조로 한다
흡인기구를 통해 다른 환자가 감염되지 않는 구조로 한다.

음압격리병실의 구성

음압격리병실의 전실과 화장실의 배치 / 관찰창의 복도벽 설치 / 서브스테이션의 설치 / 보호복 탈의실 설치 / 배기구의 환자머리 하부 벽 설치는 음압격리병실 구조에 영향을 주는 특징적 요소가 되며 음압격리병실 설치의 목적과 연결된다.

* Health Building Note 04-01, UK

** Special Isolation Unit, TAHFM Interlink 2015, Texas Children's Hospital West Campus, Houston, Texas

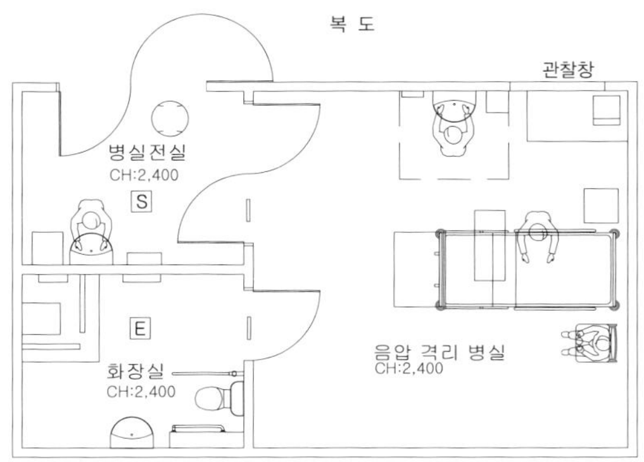

복도 관찰창이 설치된 사례* / S : 양압, E : 음압

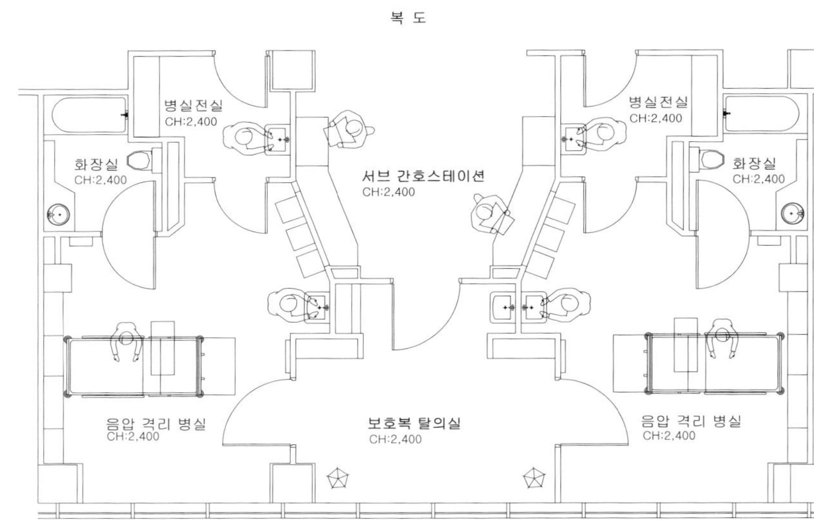

보호복 탈의 및 폐기물 처리공간이 2병실단위 유닛으로 구성된 사례**

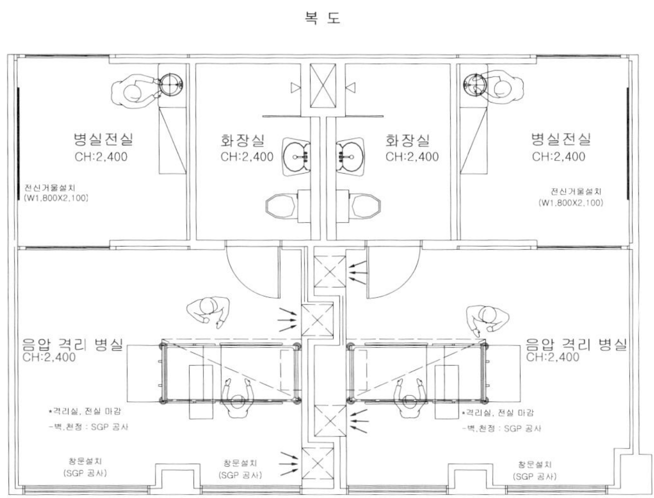

배기구가 환자의 머리쪽 벽에 매입된 사례

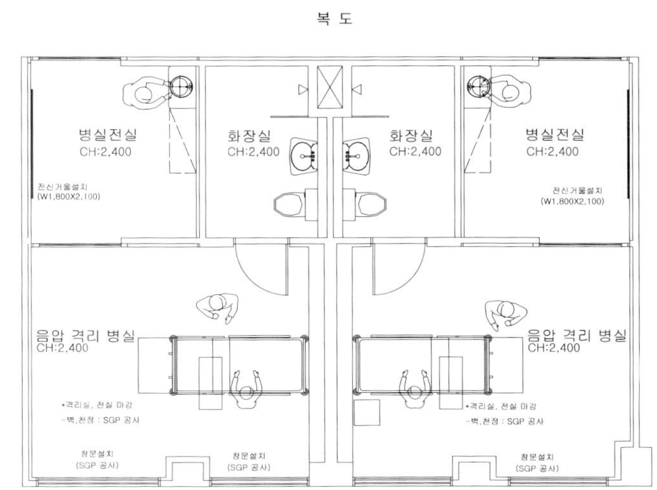

배기구가 환자 머리 상부 천정에 설치된 사례

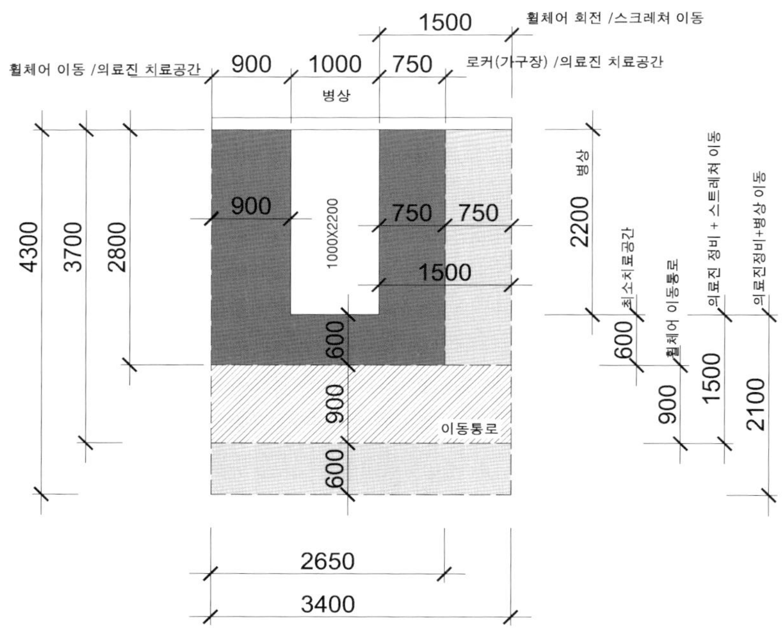

일반병상 소요공간*

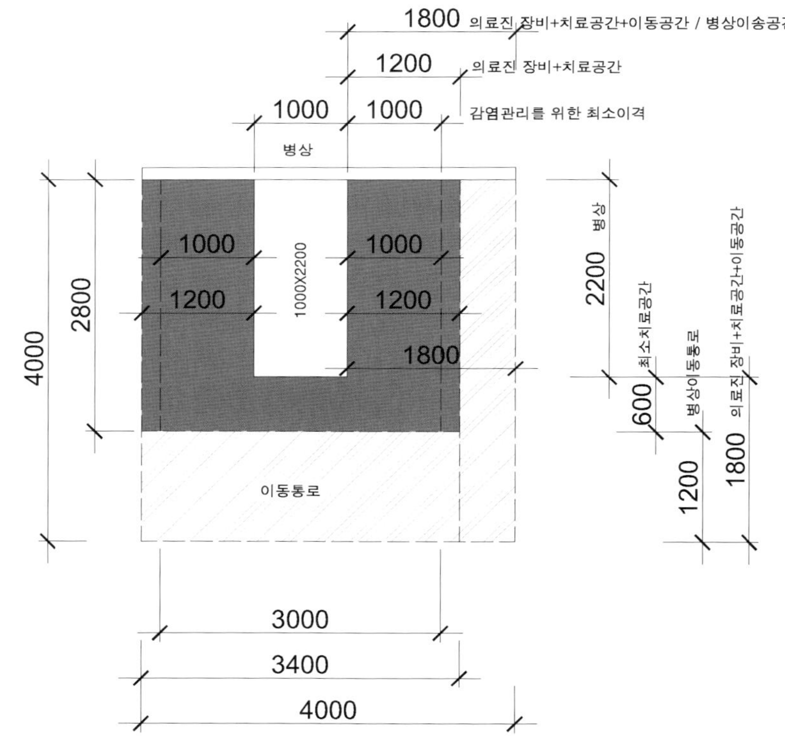

중환자 병상 소요 공간*

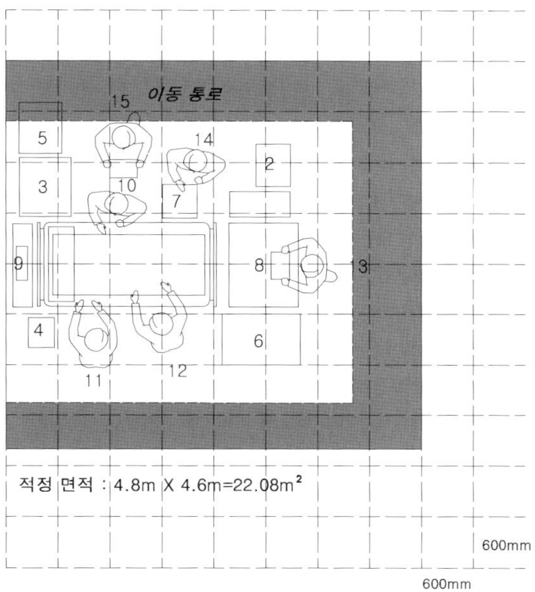

1	ECMO	300 X 700 X1,300
2	ECMO 히팅기	500 X 400 X1,000
3	High flow (인공호흡기)	700 X 600 X1,700
4	수액 주입기	350 X 300
5	NOTS (산화질소전달장치)	600 X 500
6	CRRT (혈액투석기)	900 X 600
7	이동식 CPR	400 X 400
8	EMR / 작업대	1,000 X 800
9	모니터	400 X 200
10	의사	환자 CPR 행위
11	간호사 1	환자 CPR 행위 및 보조
12	간호사 2	환자 CPR 행위 및 보조
13	간호사 3	상시 중환자 상태 확인
14	간호사 4	CPR 장비 담당
15	간호사 5	CPR 기록

중환자 병상 소요 공간**

1병상당 적정 면적과 치수에 관한 연구

의료기관 건축설계 가이드라인 연구에서는 감염관리, 환자와 의료진의 활동공간을 고려하여 일반병상과 중환자병상 계획에 필요한 소요 면적과 치수를 연구하였다. *

조준영과 양내원은 중환자 병상을 중심으로 의료진의 치료행위와 장비의 크기를 고려하여 중환자1병상당 적정 면적을 연구하였다.**

영국, 미국, 호주의 1인 음압격리병실 면적 기준 - HBN(UK) 16㎡, GDCHF(US) / AusHFG(Australia) 15㎡ .***

*의료기관 건축설계 가이드라인 연구, 보건복지부, 사/한국의료복지건축학회, 2018

**조준영, 양내원(2017), 국내종합병원의 병상규모에 따른 의료자원 분석, 의료·복지건축, 23(2)

***Department of Health(DH), Health Building Note, 04-01, 2013
The Facility Guidelines Institute(FGI), Guidelines For Design and Construction of Health Care Facilities 2010, 2014
Australian Health Infrastructure Alliance(AHIA), Australia Healthcare Facility Guidelines (ausHFG), Standard components, 1 Bed Room - Isolation, Negative Pressure, Type 1, 2018

음압격리구역

*2019 국가지정 입원치료병상 운영과 관리 지침, 보건복지부 질병관리본부, 2019
**의료기관 건축설계 가이드라인 연구, 보건복지부, 사/한국의료복지건축학회, 2018

음압격리구역의 계획

음압격리구역이란 음압병실 및 필수 지원시설 등이 설치된 구역을 말한다.*
음압격리구역 계획은 의료진의 안전과 환자의 격리수준을 강화한다.
입원환자의 감염병 심각도, 전파력, 격리수준에 따라 음압격리구역의 설치 여부가 결정되고, 의료진의 안전과 환자의 격리수준 유지를 위한 지원시설이 추가된다.

음압격리구역 분리에 따른 출입통제 방법과 시설을 고려해야 한다.
음압격리구역 내 각 음압격리병실과 지원공간을 연결하는 내부복도가 필요하다.
의료진은 내부복도에서 다른 공간을 거치지 않고 각 공간을 직접 출입할 수 있어야 하고 출입구 및 각 시설의 배치를 쉽게 인지할 수 있어야 한다.

음압격리구역 내 음압의 유지와 오염공기의 유출을 막기 위해 음압격리구역의 출입구에 전실을 설치한다.
간호스테이션(NS)에서의 음압격리구역 통제와 내부 관찰, 의료진과의 연락방안을 고려한다.
의료진 출구에 보호복 탈의 및 제독, 샤워, 갱의하는 절차를 위한 공간을 계획한다.
격리 수준의 유지를 위하여 전용 의료장비 및 기구를 보관 할 수 있는 공간을 고려한다.
필요 시 검사실을 자체적으로 설치하여 운용할 수 있다.
폐기물 처리실에 멸균기를 설치할 경우 장비의 크기와 멸균방식, 제반 설비를 같이 고려한다.

더불어 화재 등 재난 시 내부복도에서 환자와 의료진이 피난방향을 명료하게 인지 할 수 있어야 한다.

음압격리구역의 공간 구성

음압격리병실, 병실전실, 병실화장실
내부복도, 복도전실, 장비보관실, 보호복탈의실, 샤워실, 갱의실(평압 설정), 폐기물 처리실
오물처리실(폐기물 처리실과 통합가능), 장비세척실(장비보관실내 설치 가능), 검사실, 환자용 승강기 및 승강기 홀(평압 설정), 방풍실(평압 설정)

내부복도

음압격리구역 내의 각 병실전실과 지원시설을 연결하는 복도를 말한다.
청소 및 소독에 방해가 되는 불필요한 요철을 만들지 않도록 한다.
자연채광이 유입될 수 있다면 의료진의 긴장감 해소에 도움이 될 수 있다.

복도전실

음압구역과 비음압구역의 내부복도 사이에 위치하여 음압격리구역의 음압을 유지 할 수 있도록 한다.
손씻기 시설과 거울을 설치 할 수 있다.
환자 침대 이동 시 침대의 크기를 고려하여 인터락킹이 작동될 수 있는 충분한 깊이와 너비를 계획한다.
복도전실에 패스박스를 설치하여 비음압구역으로부터 물품을 전달받을 경우 음압격리구역에 면하는 출입문 또는 벽면에 설치한다.

장비보관실

감염병환자 등의 진료에 활용되는 이동식 장비를 보관 또는 사용 후 소독하는 공간이다.*
청결도를 유지해야 하며 주변보다 실간차압을 높게하여 오염된 공기가 유입되는 것을 방지한다.
필요 시 장비 세척실을 구분하여 설치할 수 있으며, 장비보관실과 직접 출입할 수 있어야 한다.
장비보관실은 음압복도에서 직접 출입이 가능해야 한다.
음압구역 내부에서 PAPR***배터리를 교체할 수 있도록 충전시설을 설치하는 것이 바람직하다.

보호복 탈의실

음압격리구역 출구 방향에 탈의실과 샤워실, 샤워 후 착의실을 설치한다.
탈의실은 오염된 보호복을 탈의하는 공간으로 음압이 형성되어야 하고 폐기물 용기를 구비하도록 한다.
탈의실에는 전신거울을 설치하여 보호복을 탈의할 때의 과정을 확인할 수 있도록하며, 보호복 탈의 방식을 고려하여 충분한 넓이를 확보해야 한다.
탈의전 보호복 제독실로 겸용할 경우 충분한 면적과 제독 약품 및 청소에 대비한 급 · 배수 설비가 병행되어야 한다.

폐기물(오물)처리실

입원환자 치료 중 발생한 폐기물의 일시 보관을 위해 충분한 공간을 확보해야 하고 오염물의 안전한 반출이 가능한 위치에 배치해야 한다.
고온고압멸균기를 설치 할 수 있다.

폐수(배수)처리설비-고위험 감염병환자 시설의 경우

고위험 감염병 환자 치료시설의 경우 전용 폐수저장탱크(계류조)를 갖추고, 소독 또는 멸균을 한 다음 병원 내 폐수처리설비로 합류시키도록 한다.
폐수처리시스템 설비 재질은 화학적 또는 열적 처리에 적합하도록 설치한다.
폐수저장탱크에는 폐수의 역류방지를 위해 통기관을 설치하고 통기관 말단에는 제균필터를 설치한다
미생물의 생물학적 비활성화를 위한 설비(약액탱크 또는 오존설비 등) 및 검증포트를 설치한다
음압격리구역 내 전용 고온고압멸균기를 설치한 경우 고온고압멸균기 작동에 따른 응축수는 전용 폐수저장탱크로 배출한다
지진 등 비상 시 폐수저장탱크의 넘침을 방지하기 위한 넘침방지턱 등 설치 권장한다.

***PAPR(Powered Air Purifying Respirators) : Level A 또는 Level B 타입 등 밀폐형 보호복에 착용하는 전동식 공기정화 호흡기 보호구이다.
HEPA filter를 통해 0.3㎛ 에어로졸 입자를 99.97% 걸러낸 공기를 주입할 수 있다.
코로나 바이러스 감염증-19(코로나19) 감염예방 및 관리-보호구선택과 착탈의 방법, 질병관리청, 2020.

비음압격리구역

비음압구역의 계획

비음압구역이란 음압구역에 인접하여 감염환자의 진료 준비 및 환자 상태 관찰을 위한 간호사실 등이 설치된 구역을 말한다.*
비음압구역에 음압격리병실 운용을 위한 간호스테이션을 설치한다.***
간호스테이션은 음압격리병실의 운용 규모에 따라 기존의 간호스테이션을 공유하거나 별도의 전용 스테이션을 설치할 수 있다.
간호스테이션의 계획은 위기시 의료진 규모와 소요 공간을 고려하여 가변적으로 활용할 수 있다.
간호스테이션에서 내부복도 및 복도 전실 출입에 대한 관찰이 가능하도록 한다.
간호스테이션에서 내부복도를 직접관찰하고 패스박스를 통하여 직접 물품을 전달 할 수 있도록 하는 것이 바람직하다. CCTV를 통해서 관찰이 가능하지만 가급적 육안 관찰을 우선으로 하여 간호스테이션 배치에 반영한다. 이는 무전기나 인터폰 등을 통한 구두 소통의 한계 때문에 음압구역 내외부의 의료진사이에 급박한 상황 또는 의료진을 위협할 수 있는 상황을 즉각적으로 전달하기 위함이다.
보호복 보관실을 지정 또는 설치하여 충분한 지원이 이루어 질 수 있도록 한다.
위기시 활용을 위한 대규모 보호복 저장공간을 병원에 별도로 지정할 수 있다. 다만 보호복의 공급 동선이 우천 등 기상조건에 노출되거나 오염지역의 간섭 등으로 인한 오염가능성을 확인해야 한다.
보호복을 입고 근무하는 의료환경에서의 의료진 피로도를 고려해야 하며, 의료진의 스트레스 경감과 진료준비를 위한 지원공간이 마련되어야 한다.

비음압격리구역의 구성 공간

간호스테이션, 보호복 보관실, 보호복 착의실
직원화장실, 직원탈의실, 의료진 휴게실, 당직실 등 의료진 지원을 위한 공간
회의실, 청결물 창고, 준비실 등 병원의 추가적 필요 공간
화상 면회실 등 보호자를 고려한 공간

*2019 국가지정 입원치료병상 운영과 관리 지침, 보건복지부 질병관리본부, 2019
**의료기관 건축설계 가이드라인 연구, 보건복지부, 사/한국의료복지건축학회, 2018
***간호스테이션이 필수로 요구되는 국가시설에 반드시 설치하도록 한다.

간호스테이션

간호스테이션은 병상운용 및 인력을 고려하여 충분한 크기로 계획한다.
간호스테이션에서 음압격리구역으로의 출입을 관찰 및 통제할 수 있어야 한다.
간호스테이션에서 음압격리구역 내의 음압형성 및 실간 차압의 이상여부를 모니터링 할 수 있어야 하고, 고장 등 이상상황 발생 시 관리부서와 연락할 수 있어야 한다.
보호복 보관실과 인접하여 보호복 착용과 간호스테이션 업무간 유기적 관계를 유지하도록 한다.
기타 준비실, 청결물실 등 병원의 추가적 공간과 인접하여 설치한다.
직원화장실, 직원탈의실, 의료진 휴게실, 당직실 등 의료진 지원을 위한 공간과 가급적 인접하고, 간호스테이션으로 접근이 용이하도록 설치한다.
자연채광 및 외부 조망은 의료진의 업무 피로도 경감에 도움이 될 수 있다.

보호복 보관실

보호복의 보관장소를 별도로 지정한다.**
보호복 보관공간은 비음압구역내 의료진이 접근하기 용이한 곳에 설치한다.**

보호복 착의실

음압구역 진입 전 보호복을 착의하는 공간을 말한다.*
음압격리구역 진입 전 또는 외부에 설치 가능하며 공간부족 시 간호사실, 보호복 보관장소 등을 활용 할 수 있다.*

당직실

의료진의 휴식과 업무를 고려하여 당직실을 설치한다.
대량의 병상 운영, 중증환자 치료, 사회적 감염병 위기시 인력 충원 및 간호수준의 격상 등을 고려한다.

직원 화장실

장애인화장실의 설치사항을 준수하는 것이 바람직하다.
가급적 음압격리병실 또는 음압격리구역 담당 의료진의 전용 화장실을 계획한다.
1인 화장실 계획 시 문을 복도방향으로 열도록 하며, 비상호출장치를 설치한다.

의료진 휴게실

장시간 보호복 착용 및 음압격리구역의 체류에서 비롯되는 의료진의 급격한 피로와 체력저하를 고려하여 휴게실을 설치한다.
최대한 편안한 휴식을 취할 수 있도록 의료진이 누울 수 있는 가구와 공간을 고려하며 자연채광이 가능하도록 한다.
탕비시설 또는 직원탈의공간과 같이 사용할 경우 휴식공간의 프라이버시를 보장할 수 있어야 한다.
필요시 남녀를 구분하여 설치할 수 있다.

손씻기 시설**

싱크대에서 사용되는 수도 꼭지는 오염된 도구 및 용기의 내용물 등에 닿지 않도록 적절한 간격을 유지해야 한다.
손씻기 싱크는 직접적인 환자 치료가 이루어지는 곳이나 멸균 처리가 수행되는 곳, 의약품이 준비되는 곳, 정수장치 등으로 물이 튀지 않는 형태로 되어야 한다.
손씻기 싱크는 너비 또는 길이가 최소 230 mm이고 면적이 0.929 ㎡ 이상으로 한다.
손씻기 싱크는 도자기, 스테인레스 스틸 또는 견고한 표면을 가진 재료로 만들어야 한다.
벽이나 수조에 단단히 부착되도록 설치되어야 하며 누수가 없도록 실링하여야 한다.
바닥 청소가 용이하도록 바닥이 아니라 벽에 설치하는 타입의 싱크대가 바람직하다.
손씻기 싱크 수도꼭지의 급수 지점은 적어도 싱크대 바닥 위 250 mm 이상이 바람직하다.
급수 기구의 수압은 적절히 조절할 수 있어야 한다.
물비누 장치는 리필 타입은 사용하지 말고, 사용 시 싱크대 내에 떨어지도록 설치하는 것이 바람직하다.
핸드 드라이기는 사용하지 않는 것이 바람직하며, 종이타올과 휴지통을 구비한다.

일반 싱크대***

의료진 및 환자, 일반인 등이 사용하는 손씻기 싱크대는 손을 사용하지 않고도 조작할 수 있는 기구(센서를 이용하고나 발을 이용할 수 있는 수전 등)을 갖추도록 한다.
싱글 레버 또는 손목 블레이드 장치를 사용할 수 있다.
센서식 수도꼭지는 사용자가 필요한 온도와 급수시간을 고려하여 급수되도록 한다.
센서식 수도꼭지는 정전일 때에도 작동 가능해야 한다.

의료용 싱크대***

의료용 싱크대는 손을 사용하지 않고 작동할 수 있어야 한다.
싱글 레버 또는 손목 블레이드 장치를 사용할 수 있다.

스크럽 싱크대***

스크럽 싱크대는 발이나 무릅 또는 센서로 조정할 수 있어야 한다.
스크럽 싱크대는 일체형으로 틈새 오염을 방지하는 것이 바람직하다.
스크럽 싱크대에서 사전 온도 조절용 밸브를 제외하고 싱글 레버나 손목 블레이드 장치는 사용하지 않는다.

실내용변기 세척용 싱크대***

실내용변기 세척장치는 냉수만 사용하는 것이 바람직하다.
실내용변기 세척장치가 화장실에 설치되어 있지 않다면 환자 진료 구역과 별도의 전용실에 설치해야 한다.

*** 손씻기시설은 감염예방에서 중요한 역할을 한다. 병원 내에서 손씻기 시설은 용도에 따라 구조와 설비가 구분된다. 의료복지건축학회는 의료기관 가이드라인 연구에서 국내 의료환경에서의 손씻기 시설에 대한 구분과 용도에 대한 정의를 연구하였다.
의료기관 건축설계 가이드라인 연구, 보건복지부, 사/한국의료복지건축학회, 2018

****표준작업지침서(Standard Operating Procedures, 이하 SOP)

조닝, 동선, 실간차압

환자의 감염병 심각도, 전파력, 격리수준을 고려하여 음압격리구역의 격리수준과 지원시설을 결정한다.
격리수준이란 음압과 비음압구역 분리, 환자와 의료진 동선분리, 음압의 단계, 전용 의료장비 구축, 의료수준에 따른 시설면적 확보, 폐기물 처리방법, 전용 검사실 구축여부의 조합을 통하여 계획 될 수 있는 개별 음압병실에서부터 종합적이고 고도화된 시설까지의 단계를 말한다.

조닝 / 음압격리구역의 구분은 벽의 구획을 통해 조닝을 쉽게 인지 할 수 있도록 해야 한다.
음압격리구역의 형성 시 구역 내 병실 및 지원시설의 조닝과 동선 체계를 명료하게 계획해야 한다.
상대적으로 청결한 공간과 오염된 공간을 구분하고, 음압격리구역 내부 동선과 공기의 흐름을 청결에서 오염공간으로 흐르도록 계획한다.
안전하고 효과적인 환자진료에 적합하도록 유기적으로 공간을 배치하고 조닝을 형성한다.
비음압구역의 경우 의료진의 준비 및 휴식등 업무형태를 반영하여 각 기능이 유기적으로 연결될 수 있도록 한다. 물품보관 공간의 경우 청결도 유지 및 보안을 고려하고, 의료진 휴게실은 사용자의 프라이버시를 반영하여 배치한다.

동선 / 음압격리구역 내에서 오염도가 높은 시설은 가급적 인접시키고 환자/오염물 출입구에 가깝게 배치하여 동선을 최소화 한다.
의료진과 환자의 동선을 분리하고 내부복도 진입전 교차되어서는 안된다.
의료진과 환자의 동선의 분리는 청결물과 오염물의 이동동선과 일치하며 고위험감염병 치료시 반드시 분리되어야 한다.
환자 동선 계획 시 원내 감염환자 발생과 외부에서 이송된 환자의 동선을 동시에 고려해야 한다.
고위험 감염 또는 감염 의심 환자는 전용 출입구와 승강기를 통해 이동한다. 별도의 감염환자 동선분리가 어려운 경우 음압카트를 사용할 수 있으며 음압카트의 소독 및 보관장소를 지정해야 한다. 이 경우 환자이송 시 일반인의 접근을 통제하고 이송 후 통제되었던 공간을 소독하며, 안전확보를 위해 자체 SOP****를 마련하여 절차와 방법을 의료진이 인지하고 있어야 한다.
폐기물은 지정된 용기에 담고 필요 시 멸균처리를 하여 원내 교차감염이 없도록 한다.

실간차압 / 음압격리구역 내 실간차압은 건축 계획의 조닝과 동선을 반영하여 청결한 공간에서 오염된 공간으로 공기가 흐르도록 설정한다.
실간 차압은 최소 2.5pa 이상으로 한다.

음압격리병실은 사용 목적에 따라 개별 병실 또는 병동의 형태로 구성되고, 그에 따른 지원 시설의 종류와 규모가 결정된다. 응급실이나 격리 외래의 경우 음압격리병실을 설치하여 감염 환자의 진료 또는 대기 공간으로 활용할 수 있다. 권역응급센터는 법으로 음압격리병실을 2개 이상 설치하도록 하고 있다. 병동의 경우 개별 병실이나 병실의 집합적 형태로, 고위험감염병 치료 병동의 경우 음압격리구역을 별도로 구분하여 운영한다.

음압격리병실은 의료 계획과 병원의 관리 능력을 종합적으로 고려하여 그에 상응하는 인력과 지원시설을 계획해야 활용도 높은 감염병 치료시설로서의 역할을 할 수 있다.

AIIRs

AIRBORNE INFECTION ISOLATION ROOMS

음압격리병실

PLANS

차압표시

	-2.5pa
	-5pa
	-7.5pa
	-10pa
	-12.5pa

실별표시

1. 음압격리병실	11. 검사실	101. 간호스테이션	111. 오물처리실
2. 병실전실	12. 방풍실	102. 보호복보관실	112. 일반격리실
3. 병실화장실	13. 환자전용승강기	103. 보호복착의실	113. 약품보관실
4. 폐기물처리실	14. 장비세척실	104. 당직실	114. 배선실
5. 보호복탈의실	15. 덤웨이터(오염물)	105. 의료진 휴게실	115. 진료실
6. 샤워실	16. 청소도구실	106. 화장실	116. XRAY실
7. 갱의실	17. 식기반납실	107. 청결물실	117. 대기실
8. 장비보관실	18. BLS 3* 실험실	108. 준비실	118. 오염린넨실
9. 내부복도	19. BLS 3* 멸균실	109. 회의실	119. 화상면회실
10. 복도전실	20. BLS 3* 보관실	110. 간호사실	120. 처치실

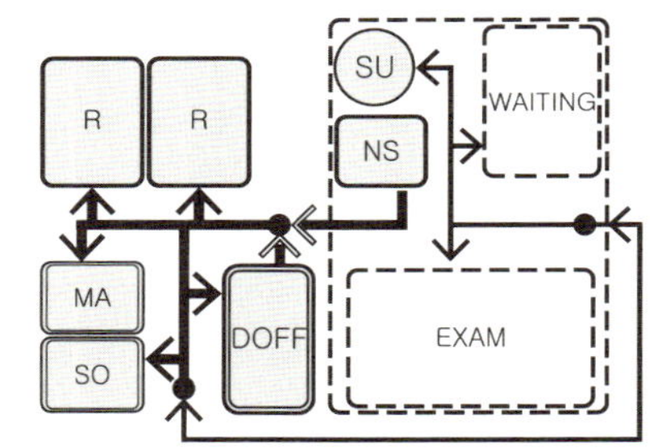

음압격리병실+격리외래

음압격리병실 + 진료실 + 검사실

격리외래와 연계하여 격리 진료, 검체채취, 입원 또는 이송 전 임시 대기 시설로 활용하기 위한 음압격리병실이 설치될 수 있다.
환자와 의료진 사이에 투명 격벽을 두고 진료 또는 검체채취가 가능한 시설이 추가될 수 있다.

격리외래*
감염병 외래환자가 사용하는 별도의 외래 진찰구역이다.
감염병 외래환자의 동선을 일반환자와 분리해야 한다.
인접구역과 벽, 문 등으로 물리적으로 분리해야 한다.
격리외래 출입구에는 방풍실과 캐노피를 설치해야 한다.
독립된 출입구, 진료실(2개 이상), 환자대기공간, 접수/수납공간, XRAY검사실, 화장실 등을 구비한다.

*국가지정입원치료병동 및 거점병원의 시설기준 개선, 권순정, p28-39, 2014

음압격리구역의 설치, 간호스테이션 및 지원시설의 공유

격리외래가 먼저 설치되고 추후 2개의 음압격리병실이 있는 음압격리구역이 설치되었다.
격리외래와 음압격리구역을 같은 부서에서 운영하여 간호스테이션과 지원시설을 공유하고 있다.
음압격리병실과 격리외래의 복합적 계획은 중증도 및 감염병 분류에 적합하며 활용도가 높다.
기존 병원의 구조적 한계로 인하여 격리외래에서 음압격리병실로 이동하는 환자동선이 외부로 연결되어 있고, 실내로 연결될 경우 의료진 출입과 교차될 수 있다.

스페이스 프로그램

1.음압격리병실-18㎡ 2.병실전실-5㎡ 3.병실화장실-4㎡ 4.폐기물처리실-8㎡ 5.보호복탈의실-3㎡ 6.샤워실-3㎡ 7.갱의실-4㎡ 8.장비보관실-11㎡ 9.내부복도-21㎡ 10.복도전실-4㎡, 13㎡

12
106
106
1
1
117
3
2
2
3
102
101
12
10
9
10
116
7
8
10
6
115
115
115
116
4
5
0
3
6
9

차압표시

- -2.5pa
- -5pa
- -7.5pa
- -10pa
- -12.5pa

실별표시

1. 음압격리병실
2. 병실전실
3. 병실화장실
4. 폐기물처리실
5. 보호복탈의실
6. 샤워실
7. 갱의실
8. 장비보관실
9. 내부복도
10. 복도전실
11. 검사실
12. 방풍실
13. 환자전용승강기
14. 장비세척실
15. 덤웨이터(오염물)
16. 청소도구실
17. 식기반납실
18. BLS 3+ 실험실
19. BLS 3+ 멸균실
20. BLS 3+ 보관실
101. 간호스테이션
102. 보호복보관실
103. 보호복착의실
104. 당직실
105. 의료진 휴게실
106. 화장실
107. 청결물실
108. 준비실
109. 회의실
110. 간호사실
111. 오물처리실
112. 일반격리실
113. 약품보관실
114. 배선실
115. 진료실
116. XRAY실
117. 대기실
118. 오염린넨실
119. 화상면회실
120. 처치실

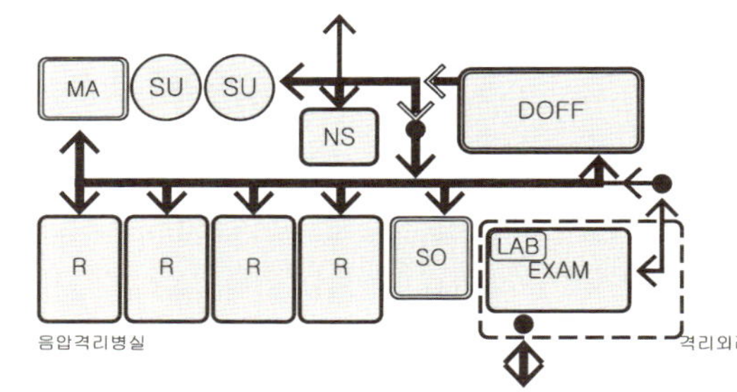

음압격리구역 + 격리외래 진료실

음압격리구역의 4개 음압격리병실과 격리외래 진료실이 별동으로 구성되어 있다.
격리외래 진료실은 검체채취실을 포함하고 환자와 의료진의 출입 동선을 분리하고 있다.
음압격리구역은 중앙에 간호스테이션이 위치하여 내부 관찰이 용이하다.
음압격리구역과 비음압구역의 지원시설이 고위험 감염병 치료가 가능한 수준으로 설치되었고, 환자와 의료진 동선분리가 명확하게 구분된다.
폐기물 반출동선과 격리외래 진료실로 진입하는 의료진 동선이 외부에서 교차될 수 있다.

스페이스 프로그램

1.음압격리병실-15㎡　2.병실전실-4㎡　3.병실화장실-4㎡　4.폐기물처리실-11㎡　5.보호복탈의실-6㎡　6.샤워실-3㎡, 6㎡　7.갱의실-10㎡　8.장비보관실-12㎡　9.내부복도-55㎡　10.복도전실-3㎡, 6㎡

119
12
106
106
8
102
108
101
10
7
7
6
6
5
12
9
10
3
2
3
2
3
2
3
2
11
115
12
1
1
1
1
4
12
0
3
6
9

차압표시

- -2.5pa
- -5pa
- -7.5pa
- -10pa
- -12.5pa

실별표시

1. 음압격리병실
2. 병실전실
3. 병실화장실
4. 폐기물처리실
5. 보호복탈의실
6. 샤워실
7. 갱의실
8. 장비보관실
9. 내부복도
10. 복도전실
11. 검사실
12. 방풍실
13. 환자전용승강기
14. 장비세척실
15. 덤웨이터(오염물)
16. 청소도구실
17. 식기반납실
18. BLS 3˚ 실험실
19. BLS 3˚ 멸균실
20. BLS 3˚ 보관실

101. 간호스테이션
102. 보호복보관실
103. 보호복착의실
104. 당직실
105. 의료진 휴게실
106. 화장실
107. 청결물실
108. 준비실
109. 회의실
110. 간호사실
111. 오물처리실
112. 일반격리실
113. 약품보관실
114. 배선실
115. 진료실
116. XRAY실
117. 대기실
118. 오염린넨실
119. 화상면회실
120. 처치실

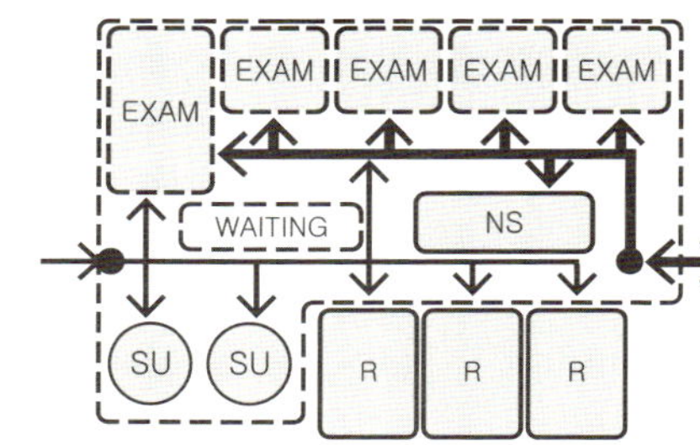

음압격리 진료실/음압격리 대기실

진료실 타입의 격리외래가 먼저 설치되고 추후 3개의 음압격리병실이 추가되었다. 별도의 음압격리 구역을 계획하지 않고 음압격리병실은 음압진료실이나 격리대기실로 활용되고 있다.
간호스테이션이 중앙에 위치하여 격리외래 진료와 음압격리병실의 출입을 동시에 관찰하고 지원할 수 있다.
의료진의 주출입구에 방풍실을 설치하고 환자의 출입구와 분리하여 부분적인 동선 분리가 적용되었다.
음압격리병실이 대기실에 인접하여 환자의 즉각적인 격리와 진찰이 가능하나, 환자와 의료진의 병실 진출입이 일반환자에게 노출되고 대기환자와의 교차감염 우려가 있다.

스페이스 프로그램

1.음압격리병실-18㎡ 2.병실전실-4㎡ 3.병실화장실-4㎡

115
115
115
115
120
116
101
117
12
2
3
2
3
2
3
106
106
1
1
1
0
3
6
9

차압표시

	-2.5pa
	-5pa
	-7.5pa
	-10pa
	-12.5pa

실별표시

1. 음압격리병실	11. 검사실	101. 간호스테이션	111. 오물처리실
2. 병실전실	12. 방풍실	102. 보호복보관실	112. 일반격리실
3. 병실화장실	13. 환자전용승강기	103. 보호복착의실	113. 약품보관실
4. 폐기물처리실	14. 장비세척실	104. 당직실	114. 배선실
5. 보호복탈의실	15. 덤웨이터(오염물)	105. 의료진 휴게실	115. 진료실
6. 샤워실	16. 청소도구실	106. 화장실	116. XRAY실
7. 갱의실	17. 식기반납실	107. 청결물실	117. 대기실
8. 장비보관실	18. BLS 3˚ 실험실	108. 준비실	118. 오염린넨실
9. 내부복도	19. BLS 3˚ 멸균실	109. 회의실	119. 화상면회실
10. 복도전실	20. BLS 3˚ 보관실	110. 간호사실	120. 처치실

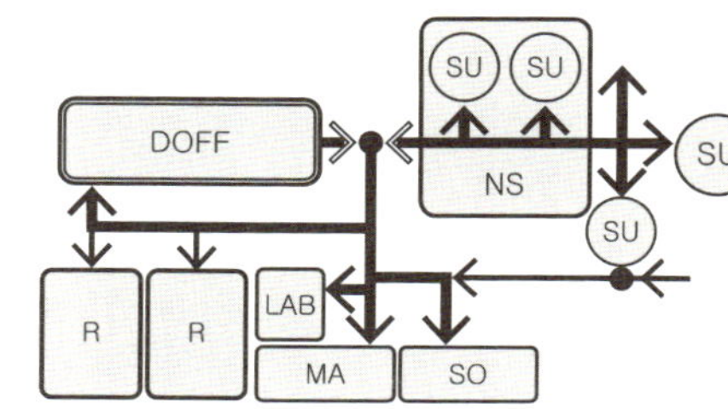

소규모 음압격리병동

2개의 음압격리병실이 음압격리구역에 설치되어 있다.
음압격리구역의 중앙에 간호스테이션이 위치하여 내부 관찰이 용이하다.
음압격리구역과 비음압구역의 지원시설이 고위험 감염병 치료가 가능한 수준으로 설치되어 있다.
환자와 의료진의 동선분리가 명확하다.

스페이스 프로그램

1.음압격리병실-17㎡ 2.병실전실-5㎡ 3.병실화장실-4㎡ 4.폐기물처리실-12㎡ 5.보호복탈의실-9㎡ 6.샤워실-9㎡ 7.갱의실-5㎡ 8.장비보관실-8㎡ 9.내부복도-60㎡ 10.복도전실-14㎡ 11.검사실-8㎡

6
6
7
5
106
106
119
10
6
6
7
101
110
107
2
3
2
3
11
9
10
12
1
1
8
4
4
0
3
6
9

차압표시

- -2.5pa
- -5pa
- -7.5pa
- -10pa
- -12.5pa

실별표시

1. 음압격리병실	11. 검사실	101. 간호스테이션	111. 오물처리실
2. 병실전실	12. 방풍실	102. 보호복보관실	112. 일반격리실
3. 병실화장실	13. 환자전용승강기	103. 보호복착의실	113. 약품보관실
4. 폐기물처리실	14. 장비세척실	104. 당직실	114. 배선실
5. 보호복탈의실	15. 덤웨이터(오염물)	105. 의료진 휴게실	115. 진료실
6. 샤워실	16. 청소도구실	106. 화장실	116. XRAY실
7. 갱의실	17. 식기반납실	107. 청결물실	117. 대기실
8. 장비보관실	18. BLS 3˚ 실험실	108. 준비실	118. 오염린넨실
9. 내부복도	19. BLS 3˚ 멸균실	109. 회의실	119. 화상면회실
10. 복도전실	20. BLS 3˚ 보관실	110. 간호사실	120. 처치실

음압격리병동

음압격리병실 + 음압격리병실

의료법에 의한 1인 음압격리병실로 구성된 병동이다.
결핵, 홍역, 수두, 대상포진 등의 감염병환자 입원과 치료에 적합하다.
별도의 음압격리구역을 구성하지 않을 수 있다.

간호사 1인당 환자의 비율(N/P ratio)와 간호사의 업무상 이동거리(Walking Distance)를 동시에 고려하여 병실 수와 배치를 계획한다.
간호스테이션에서 병실을 관찰하고 환자의 출입통제가 가능하도록 고려한다.
격리입원시설로서 일반 입원병동과는 달리 데이룸, 처치실 등 환자가 불필요하게 이동해야 하는 공간을 설치하지 않을 수 있다.
일반(비음압)격리병실이 같은 병동에 구성될 수 있다.

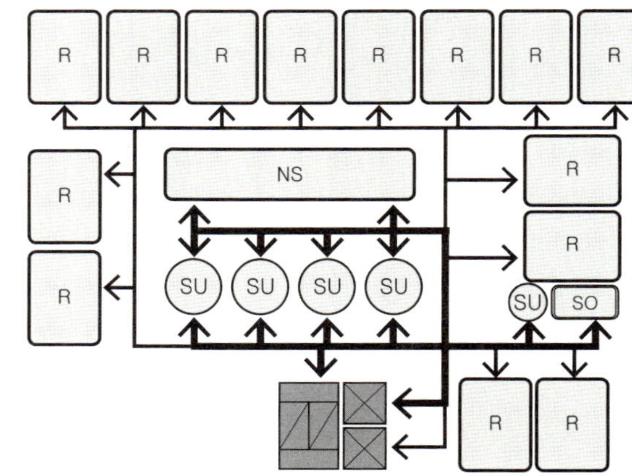

음압격리병동의 코어와 구조모듈

간호스테이션의 중앙 배치와 각 병실로의 접근성을 고려하여 음압격리병동을 구성한다.
간호스테이션의 중앙 배치를 위해서 2중복도 또는 후면복도를 계획할 수 있는 구조모듈을 선택하는 것이 유리하다.
2중복도 또는 후면복도의 구성을 통해 각각 간호업무 복도와 의료진 지원복도로 성격을 부여하여 시설을 효과적으로 배치할 수 있다.

스페이스 프로그램

1.음압격리병실-19㎡, 23㎡　2.병실전실-8㎡　3.병실화장실-3㎡, 6㎡, 8㎡

3 3 3 3 3 3 3 3
1 1 1 1 1 1 1 1
107
2 2 2 2 2 2 2 2
3
2
101
108
101
1
2
1
3
3
2
107
107
109
1
1
106 106 104 104
110
(여)
2
16
111
3
2
2
2
106
118
106
1 1
117
3
3
0 3 6 9

고위험 감염병 치료병동

음압격리구역 + 비음압구역 + 감염환자 전용승강기

감염병 예방 및 관리에 관한 법률과 국가지정입원치료병상 운영과 관리지침의 시설기준을 참조하여 구성한다.
MERS, Covid-19 등의 고위험 호흡기 감염병환자의 입원과 치료에 적합하다.
평시와 위기시의 근무 인력과 운영방안을 고려하여 계획한다.
의료진의 업무스트레스와 심리적 압박감을 반드시 고려한다.

음압격리구역과 비음압구역을 반드시 물리적으로 구분한다.
감염환자 동선을 분리하고 전용 승강기를 계획한다.
감염병 치료수준에 적합한 기계, 폐수, 전기, 통신 설비 등을 계획한다.

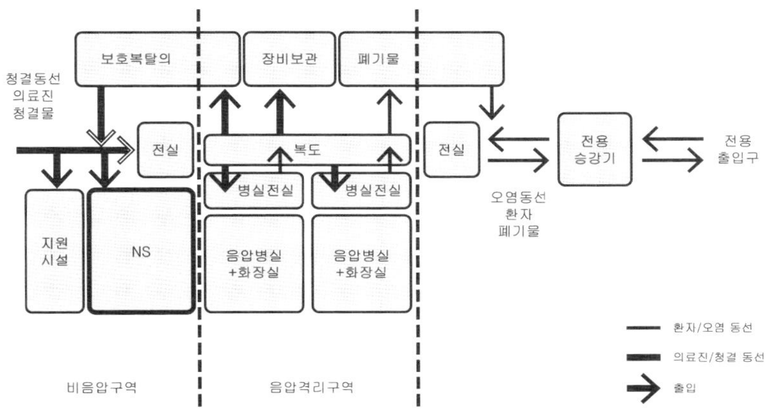

간호스테이션-음압격리구역 측면 위치

중복도식의 일반병동을 활용하는 경우 가장 일반적으로 사용되는 배치로서, 음압구역과 비음압구역, 청결과 오염조닝을 수평적으로 단순하게 구성할 수 있다.
간호스테이션에서 CCTV 등 기계장치를 활용하여 내부복도 관찰을 한다. 이때, 렌즈 화각의 제한과 왜곡 등으로 인하여 내부 상황 전달력이 육안관찰에 비하여 저하될 수 있다.
의료진이 지원공간과 격리되어 업무를 진행하게되는 심리적 불안감이 있을 수 있다.

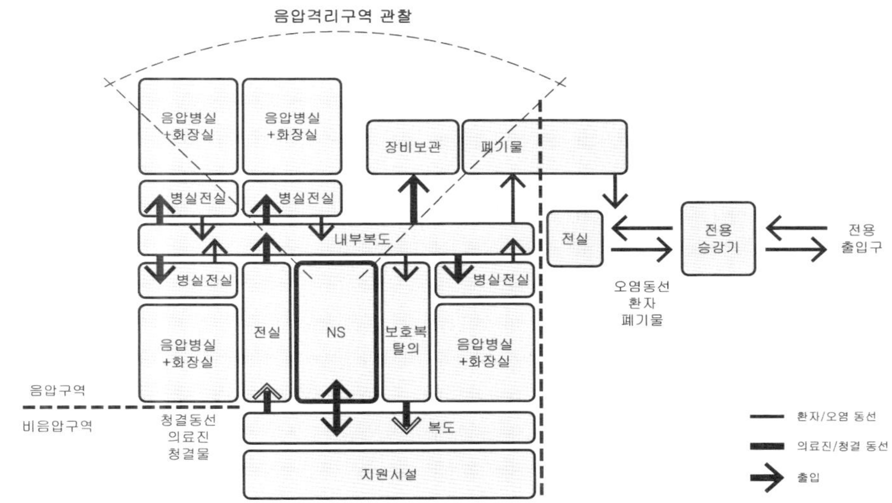

간호스테이션-음압격리구역 중앙 위치

내부복도의 관찰과 긴급상황에 대한 인식이 육안으로 이루어 질 수 있어 내부 복도의 의료진과 간호스테이션의 소통 범위가 확대된다.
간호스테이션에서부터 일정거리를 유지하는 음압격리병실 배치로 인하여 관찰, 소통, 지원이 유기적으로 상호작용할 수 있으며 음압구역 내 의료진의 심리적 불안감을 경감시킬 수 있다.
비음압구역의 후면복도를 통하여 지원시설의 배치와 동선을 효율적으로 구성할 수 있다.

차압표시
-2.5pa
-5pa
-7.5pa
-10pa
-12.5pa

실별표시			
1. 음압격리병실	11. 겸사실	101. 간호스테이션	111. 오물처리실
2. 병실전실	12. 방풍실	102. 보호복보관실	112. 일반격리실
3. 병실화장실	13. 환자전용승강기	103. 보호복착의실	113. 약품보관실
4. 폐기물처리실	14. 장비세척실	104. 당직실	114. 배선실
5. 보호복탈의실	15. 덤웨이터(오염물)	105. 의료진 휴게실	115. 진료실
6. 샤워실	16. 청소도구실	106. 화장실	116. XRAY실
7. 갱의실	17. 식기반납실	107. 청결물실	117. 대기실
8. 장비보관실	18. BLS 3' 실험실	108. 준비실	118. 오염린넨실
9. 내부복도	19. BLS 3' 멸균실	109. 회의실	119. 화상면회실
10. 복도전실	20. BLS 3' 보관실	110. 간호사실	120. 처치실

7
7
6
6
6
6
107
108
101
14
8
5
110
13
12
10
9
10
3
2
3
2
2
3
4
1
1
1
102
103
0
3
6
9

R : 음압병실
LAB : 검사실
MA : 장비실
SO : 폐기(오염)물실
SU : 지원시설
NS : 간호스테이션

비음압구역시설
기타병실
기타지원시설
전실

계단실
엘리베이터
음압구역시설

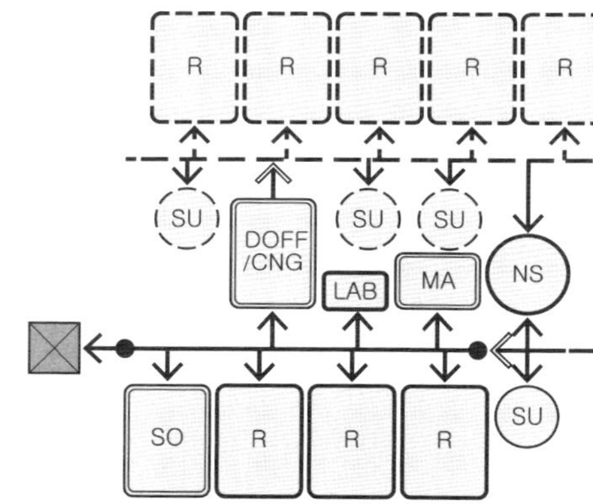

스페이스 다이어그램 / 프로그램

1.음압격리병실-19㎡ 2.병실전실-7㎡ 3.병실화장실-4㎡ 4.폐기물처리실-26㎡ 5.보호복탈의실-4㎡ 6.샤워실-3㎡ 7.갱의실-4㎡ 8.장비보관실-6㎡ 9.내부복도-31㎡ 10.복도전실-6㎡, 8㎡

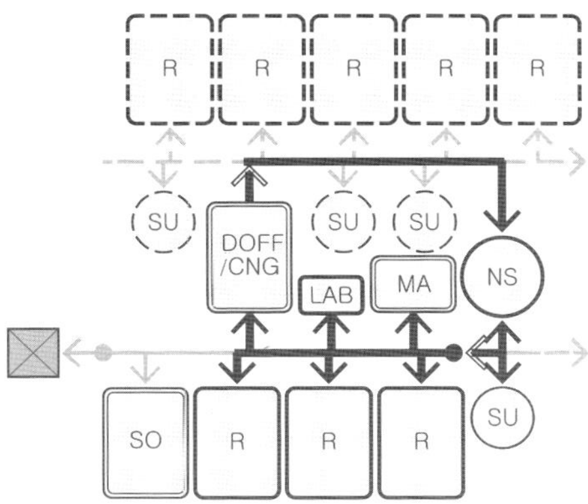

간호사동선

간호스테이션-보호복착의실-(보호복착의)-복도전실-내부복도-(장비보관실)-병실전실-음압격리병실-병실전실-내부복도-(폐기물 처리실)-(내부복도)-보호복탈의실/샤워실/갱의실-복도-간호스테이션

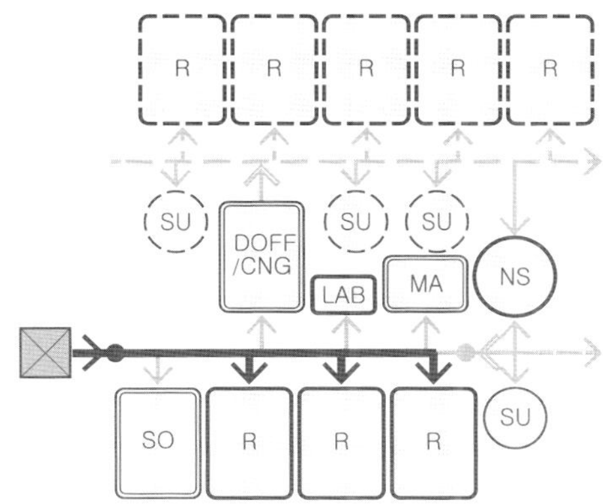

환자동선

(환자전용 출입구)-(출입구 방풍실)-환자전용 승강기-복도전실-내부복도-병실전실-음압격리병실

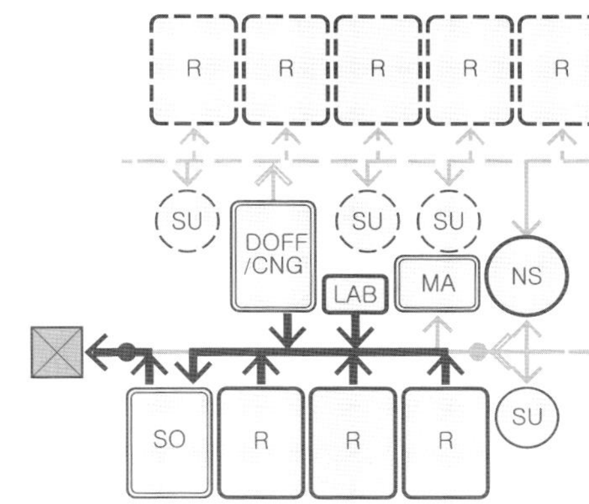

오염물동선

음압격리병실-병실전실 / 샤워실-보호복탈의실 / 검사실-내부복도-폐기물처리실-(고온고압멸균기)-내부복도-복도전실-방풍실-환자전용승강기-(출입구 방풍실)-(환자전용 출입구)

차압표시

- -2.5pa
- -5pa
- -7.5pa
- -10pa
- -12.5pa

실별표시

1. 음압격리병실
2. 병실전실
3. 병실화장실
4. 폐기물처리실
5. 보호복탈의실
6. 샤워실
7. 갱의실
8. 장비보관실
9. 내부복도
10. 복도전실
11. 검사실
12. 방풍실
13. 환자전용승강기
14. 장비세척실
15. 덤웨이터(오염물)
16. 청소도구실
17. 식기반납실
18. BLS 3˚ 실험실
19. BLS 3˚ 멸균실
20. BLS 3˚ 보관실

101. 간호스테이션
102. 보호복보관실
103. 보호복착의실
104. 당직실
105. 의료진 휴게실
106. 화장실
107. 청결물실
108. 준비실
109. 회의실
110. 간호사실
111. 오물처리실
112. 일반격리실
113. 약품보관실
114. 배선실
115. 진료실
116. XRAY실
117. 대기실
118. 오염린넨실
119. 화상면회실
120. 처치실

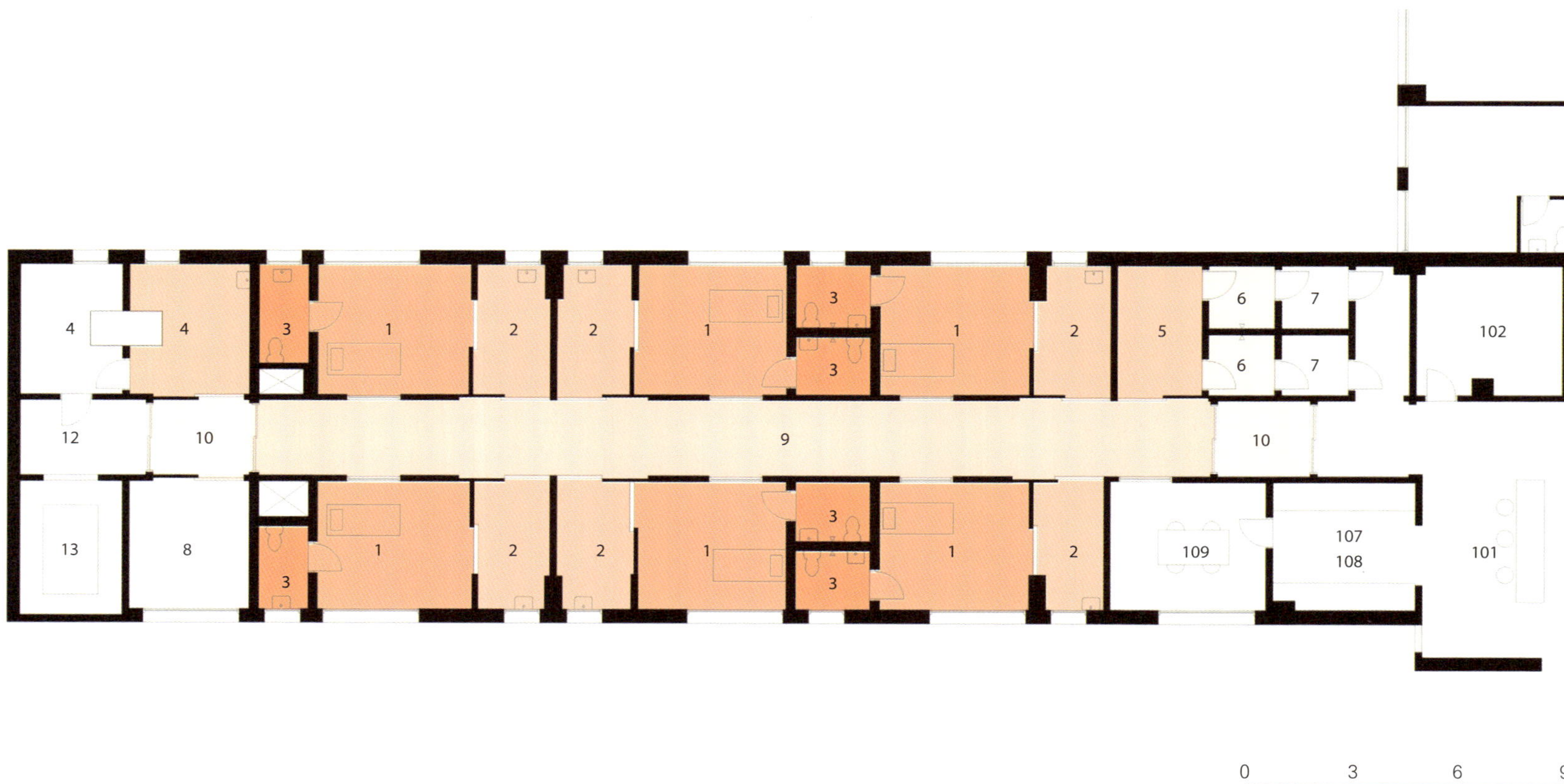

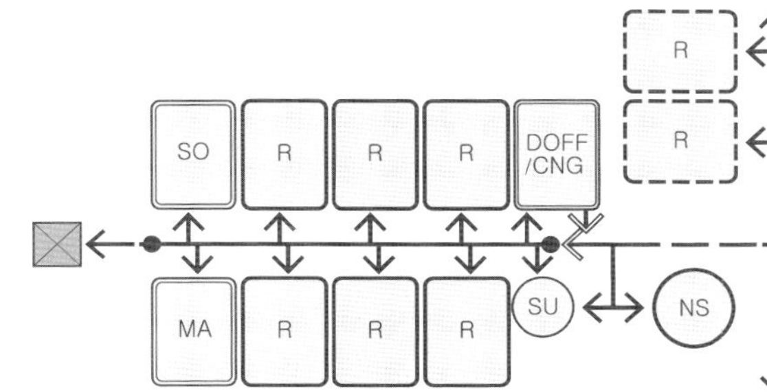

스페이스 다이어그램 / 프로그램

1.음압격리병실-16㎡ 2.병실전실-7㎡ 3.병실화장실-4㎡ 4.폐기물처리실-22㎡ 5.보호복탈의실-9㎡ 6.샤워실-3㎡ 7.갱의실-4㎡ 8.장비보관실-13㎡ 9.내부복도-59㎡ 10.복도전실-6㎡

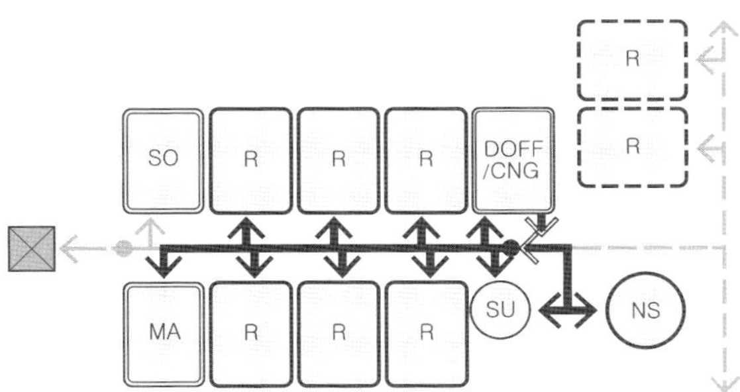

간호사동선

간호스테이션-보호복보관실-(보호복착의)-준비실/청결물실-복도전실-내부복도-(장비보관실)-병실전실-음압격리병실-병실전실-내부복도-(폐기물 처리실)-(내부복도)-보호복탈의실/샤워실/갱의실-복도-간호스테이션

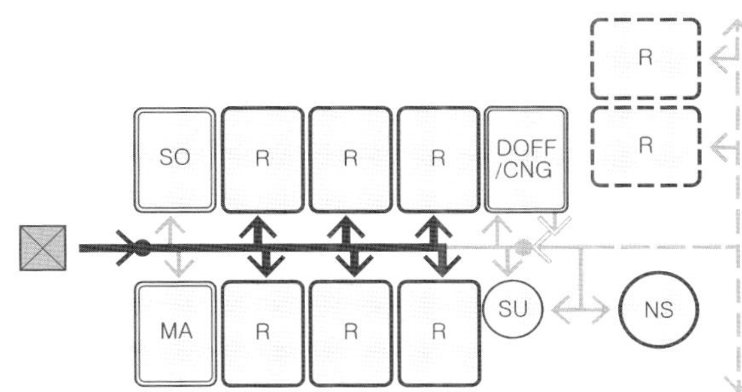

환자동선

(환자전용 출입구)-(출입구 방풍실)-환자전용 승강기-방풍실-복도전실-내부복도-병실전실-음압격리병실

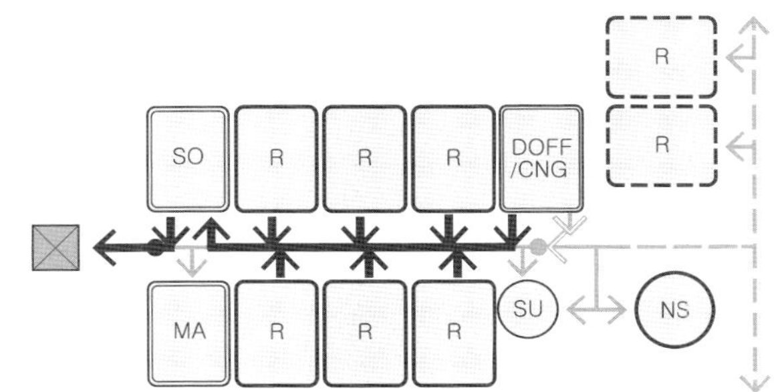

오염물동선

음압격리병실-병실전실 / 샤워실-보호복탈의실 / 검사실 -내부복도-폐기물처리실-(고온고압멸균기)-폐기물처리실(멸균후)-방풍실-환자전용승강기-(출입구 방풍실)-(환자전용 출입구)

차압표시

- -2.5pa
- -5pa
- -7.5pa
- -10pa
- -12.5pa

실별표시

1. 음압격리병실
2. 병실전실
3. 병실화장실
4. 폐기물처리실
5. 보호복탈의실
6. 샤워실
7. 갱의실
8. 장비보관실
9. 내부복도
10. 복도전실
11. 검사실
12. 방풍실
13. 환자전용승강기
14. 장비세척실
15. 덤웨이터(오염물)
16. 청소도구실
17. 식기반납실
18. BLS 3^+ 실험실
19. BLS 3^+ 멸균실
20. BLS 3^+ 보관실
101. 간호스테이션
102. 보호복보관실
103. 보호복착의실
104. 당직실
105. 의료진 휴게실
106. 화장실
107. 청결물실
108. 준비실
109. 회의실
110. 간호사실
111. 오물처리실
112. 일반격리실
113. 약품보관실
114. 배선실
115. 진료실
116. XRAY실
117. 대기실
118. 오염린넨실
119. 화상면회실
120. 처치실

1
1
1
1
1
112
112
112
12
3
2
2
3
2
3
2
3
2
3
9
10
4
8
102
101
108
101
113
111
110
104
4
10
13
12
6
5
7
7
6
107
12
112
0
3
6
9

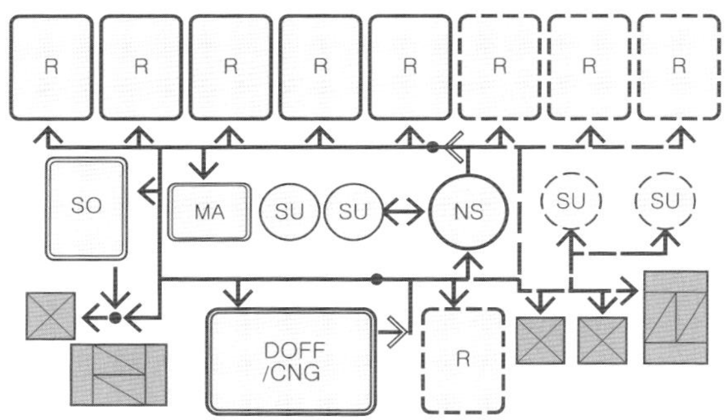

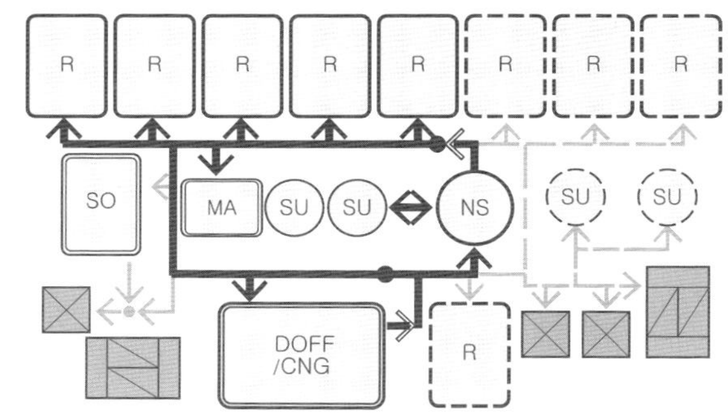

스페이스 다이어그램 / 프로그램

1.음압격리병실-16㎡ 2.병실전실-4㎡ 3.병실화장실-3㎡ 4.폐기물처리실-26㎡ 5.보호복탈의실-14㎡ 6.샤워실-5㎡, 8㎡ 7.갱의실-5㎡ 8.장비보관실-13㎡ 9.내부복도-66㎡ 10.복도전실 -7㎡ 14.장비세척실- 6㎡

간호사동선

간호스테이션-보호복보관실-(보호복착의)-준비실-복도전실-내부복도-(장비보관실)-병실전실-음압격리병실-병실전실-내부복도-(폐기물 처리실)-(내부복도)-보호복탈의실/샤워실/갱의실-복도-간호스테이션

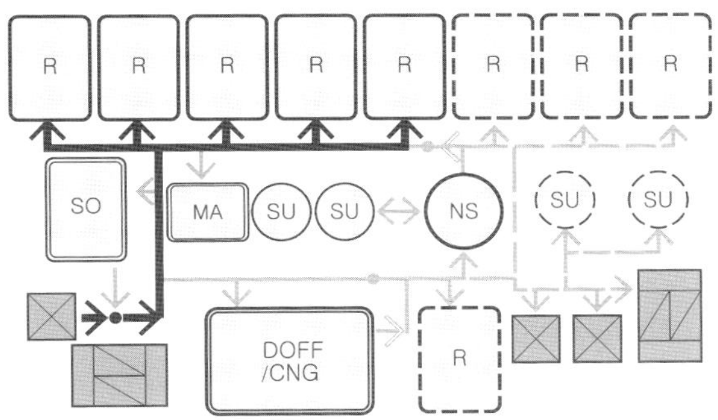

환자동선

(환자전용 출입구)-(출입구 방풍실)-환자전용 승강기-방풍실-내부복도-병실전실-음압격리병실

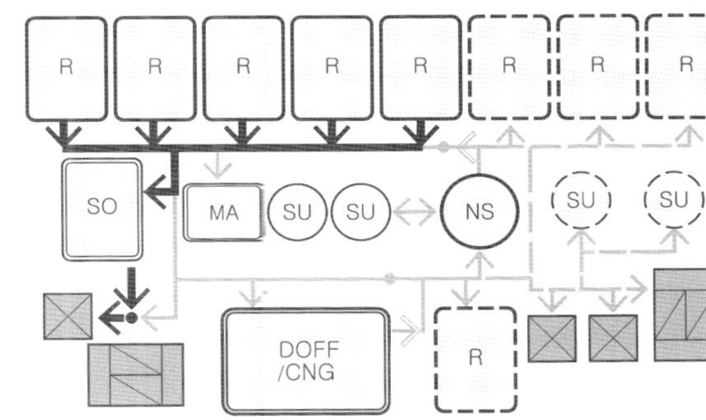

오염물동선

음압격리병실-병실전실 / 샤워실-보호복탈의실 -내부복도-폐기물처리실-(고온고압멸균기)-폐기물처리실(멸균후)-방풍실-환자전용승강기-(출입구 방풍실)-(환자전용 출입구)

차압표시

- -2.5pa
- -5pa
- -7.5pa
- -10pa
- -12.5pa

실별표시

1. 음압격리병실	11. 검사실	101. 간호스테이션	111. 오물처리실
2. 병실전실	12. 방풍실	102. 보호복보관실	112. 일반격리실
3. 병실화장실	13. 환자전용승강기	103. 보호복착의실	113. 약품보관실
4. 폐기물처리실	14. 장비세척실	104. 당직실	114. 배선실
5. 보호복탈의실	15. 덤웨이터(오염물)	105. 의료진 휴게실	115. 진료실
6. 샤워실	16. 청소도구실	106. 화장실	116. XRAY실
7. 갱의실	17. 식기반납실	107. 청결물실	117. 대기실
8. 장비보관실	18. BLS 3' 실험실	108. 준비실	118. 오염린넨실
9. 내부복도	19. BLS 3' 멸균실	109. 회의실	119. 화상면회실
10. 복도전실	20. BLS 3' 보관실	110. 간호사실	120. 처치실

21. 보호복 탈의 후 통과동선(BY PASS)

의료진이 보호복 탈의 후 샤워를 하지 않고 음압격리구역에서 비음압구역으로 나갈 수 있는 동선을 별도로 계획할 수 있다.
샤워실을 모두 사용하고 있을 때 샤워가 필요 없는 의료진이 대기하지 않고 통과할 수 있도록 설치한다.

112
112
3
3
112
3
2
110
108
101
7
6
7
6
5
21
1
1
4
3
2
2
3
8
10
9
12
13
106
107
2
3
3
2
3
2
3
2
2
3
2
3
12
102
112
1
1
1
1
1
0
3
6
9

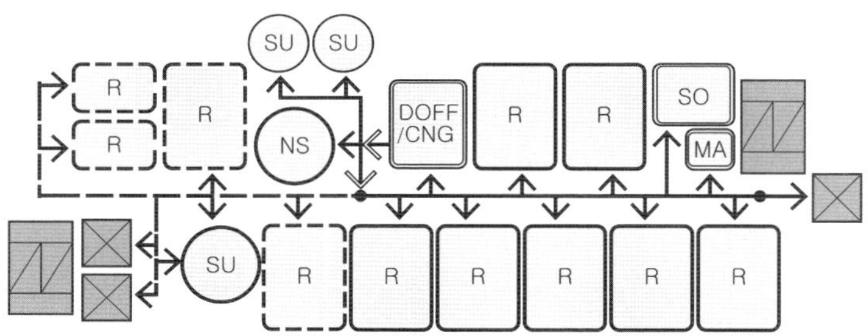

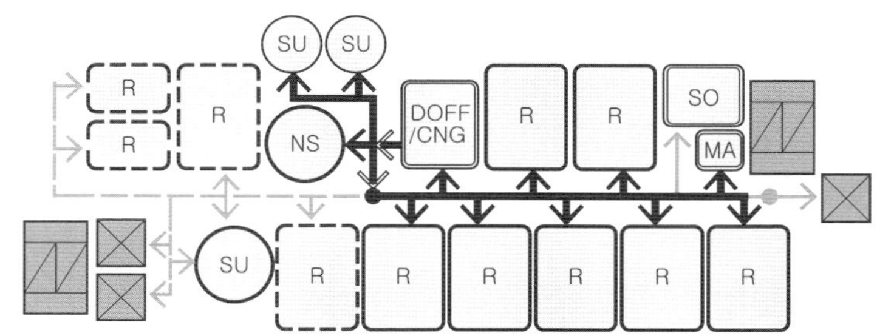

스페이스 다이어그램 / 프로그램

1.음압격리병실 - 18㎡, 21㎡ 2.병실전실-6㎡ 3.병실화장실-5㎡ 4.폐기물처리실-15㎡ 5.보호복탈의실-13㎡ 6.샤워실 - 3㎡, 6㎡ 7.갱의실 - 4㎡, 5㎡ 8.장비보관실-4㎡ 9.내부복도-43㎡ 10.복도전실 - 5㎡

간호사동선

간호스테이션-보호복보관실-(보호복착의)-간호스테이션-준비실/청결물실-복도전실-내부복도-(장비보관실)-병실전실-음압격리병실-병실전실-내부복도-(폐기물처리실)-(내부복도)-(CASE 1, 2, 3)

CASE 1. 전실1(비음압)-전실2(비음압)-간호스테이션

CASE 2. 보호복탈의실-전실2(비음압)-간호스테이션

CASE 3. 보호복탈의실/샤워실/갱의실-전실2(비음압)-간호스테이션

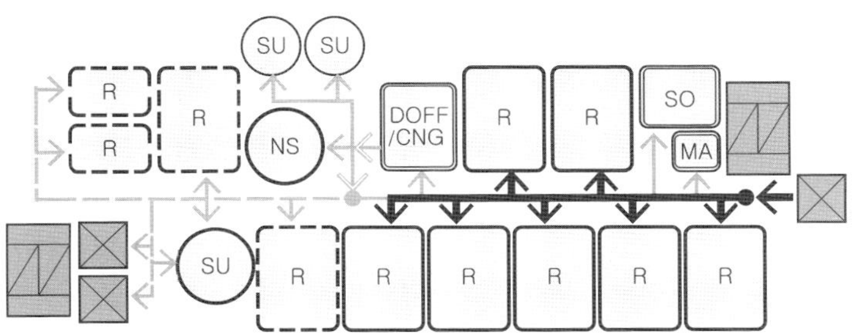

환자동선

(환자전용 출입구)-(출입구 방풍실)-환자전용 승강기-방풍실-내부복도-병실전실-음압격리병실

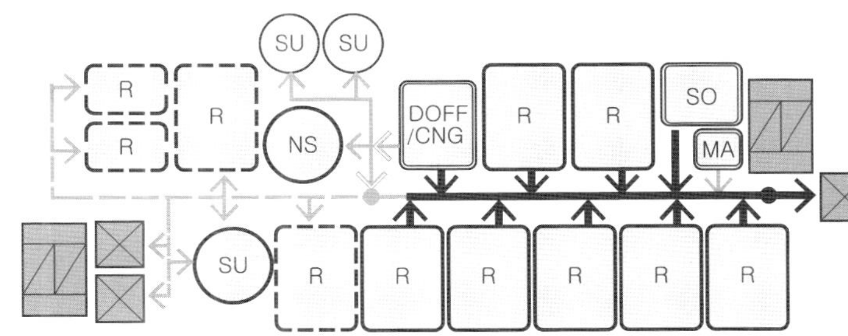

오염물동선

음압격리병실-병실전실 / 샤워실-보호복탈의실-내부복도-폐기물처리실-(고온고압멸균기)-방풍실-환자전용승강기-(출입구 방풍실)-(환자전용 출입구)

차압표시

- -2.5pa
- -5pa
- -7.5pa
- -10pa
- -12.5pa

실별표시

1. 음압격리병실
2. 병실전실
3. 병실화장실
4. 폐기물처리실
5. 보호복탈의실
6. 샤워실
7. 갱의실
8. 장비보관실
9. 내부복도
10. 복도전실
11. 겸사실
12. 방풍실
13. 환자전용승강기
14. 장비세척실
15. 덤웨이터(오염물)
16. 청소도구실
17. 식기반납실
18. BLS 3^+ 실험실
19. BLS 3^+ 멸균실
20. BLS 3^+ 보관실

101. 간호스테이션
102. 보호복보관실
103. 보호복착의실
104. 당직실
105. 의료진 휴게실
106. 화장실
107. 청결물실
108. 준비실
109. 회의실
110. 간호사실
111. 오물처리실
112. 일반격리실
113. 약품보관실
114. 배선실
115. 진료실
116. XRAY실
117. 대기실
118. 오염린넨실
119. 화상면회실
120. 처치실

102
101
106
111
107
108
3
3
112
112
7
7
6
6
6
6
5
8
4
4
10
9
10
3
8
2
2
3
3
2
2
3
11
13
12
1
1
1
1
0
3
6
9

R : 음압병실
LAB : 검사실
MA : 장비실
SO : 폐기(오염)물실
SU : 지원시설
NS : 간호스테이션

비음압구역시설
기타병실
기타지원시설
전실

계단실
엘리베이터
음압구역시설

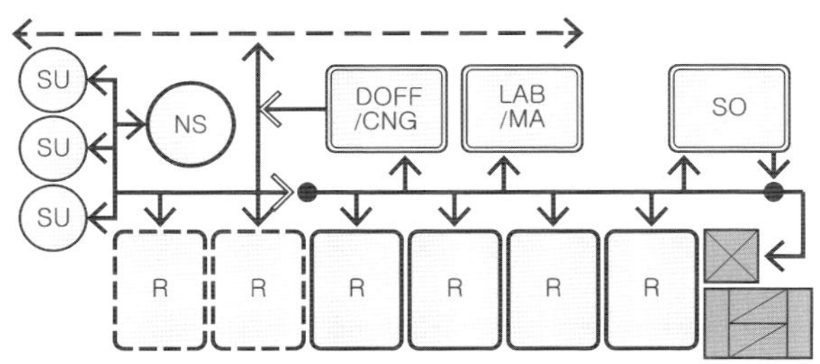

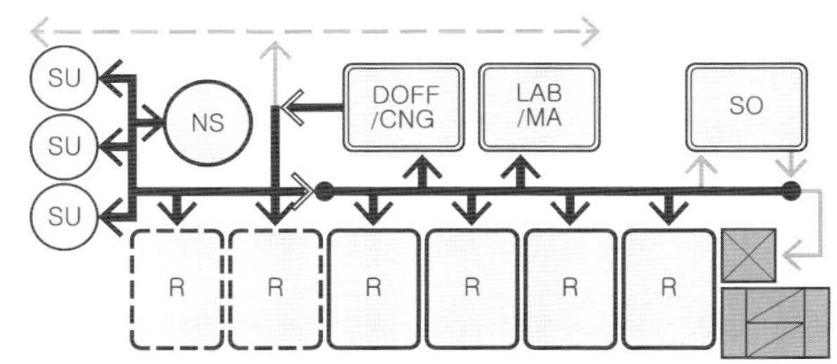

스페이스 다이어그램 / 프로그램

1.음압격리병실-18㎡, 26㎡ 2.병실전실-6㎡ 3.병실화장실-4㎡ 4.폐기물처리실-38㎡ 5.보호복탈의실-21㎡ 6.샤워실-12㎡ 7.갱의실-6㎡ 8.장비보관실-5㎡, 14㎡ 9.내부복도-54㎡ 10.복도전실-7㎡, 13㎡ 11.검사실-6㎡

간호사동선

간호스테이션-보호복보관실-(보호복착의)-준비실/청결물실-간호스테이션-복도전실-내부복도-(장비보관실)-병실전실-(병실1 장비보관실)-음압격리병실-(병실전실)-(병실1 장비보관실)-병실전실-내부복도-(폐기물처리실)-(내부복도)-보호복탈의실/샤워실/갱의실-복도-간호스테이션

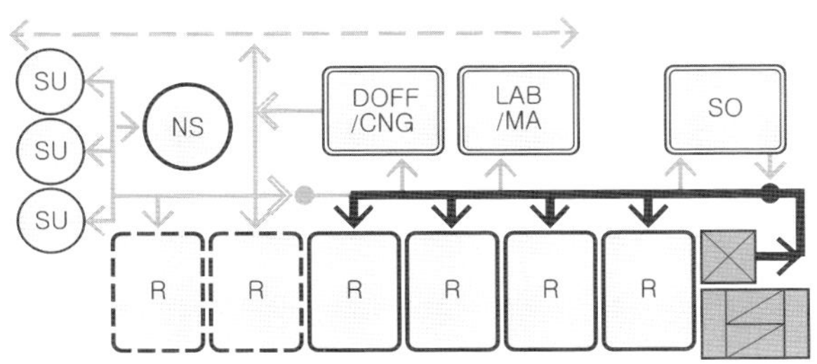

환자동선

(환자전용 출입구)-(출입구 방풍실)-환자전용 승강기-방풍실-복도전실-내부복도-병실전실-음압격리병실

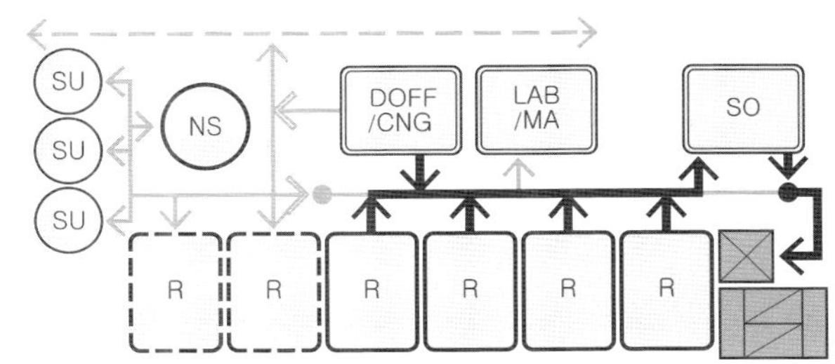

오염물동선

음압격리병실-병실전실 / 샤워실-보호복탈의실 / 검사실
-내부복도-폐기물처리실-(고온고압멸균기)-폐기물처리실(멸균후)-복도전실-방풍실-환자전용승강기-(출입구 방풍실)-(환자전용 출입구)

차압표시

-2.5pa

-5pa

-7.5pa

-10pa

-12.5pa

실별표시

1. 음압격리병실	11. 겸사실	101. 간호스테이션	111. 오물처리실
2. 병실전실	12. 방풍실	102. 보호복보관실	112. 일반격리실
3. 병실화장실	13. 환자전용승강기	103. 보호복착의실	113. 약품보관실
4. 폐기물처리실	14. 장비세척실	104. 당직실	114. 배선실
5. 보호복탈의실	15. 덤웨이터(오염물)	105. 의료진 휴게실	115. 진료실
6. 샤워실	16. 청소도구실	106. 화장실	116. XRAY실
7. 갱의실	17. 식기반납실	107. 청결물실	117. 대기실
8. 장비보관실	18. BLS 3' 실험실	108. 준비실	118. 오염린넨실
9. 내부복도	19. BLS 3' 멸균실	109. 회의실	119. 화상면회실
10. 복도전실	20. BLS 3' 보관실	110. 간호사실	120. 처치실

110
108
107
101
113
106
7
7
6
6
5
1
1
1
3
2
8
2
3
3
2
8
10
9
10
11
2
3
3
2
8
2
3
16
2
3
13
102
103
1
1
1
1
4
4
0
3
6
9

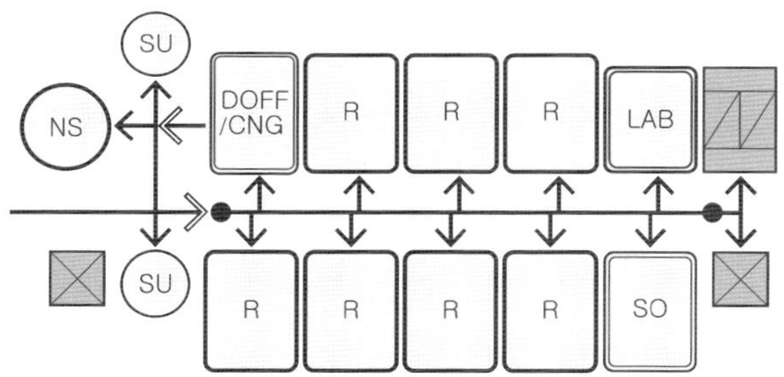

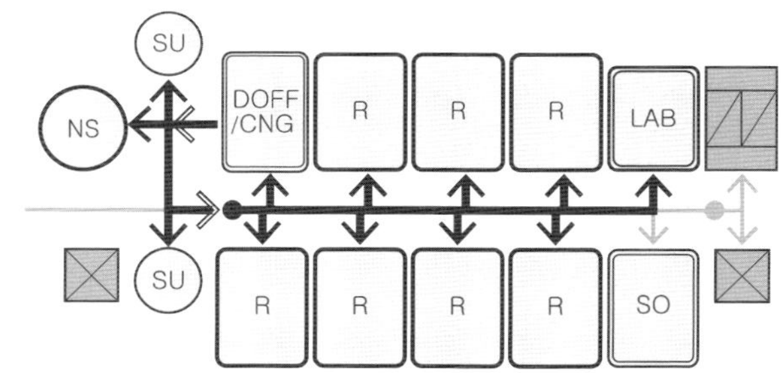

스페이스 다이어그램 / 프로그램

1.음압격리병실-22㎡ 2.병실전실-5㎡, 8㎡ 3.병실화장실-5㎡, 6㎡ 4.폐기물처리실-35㎡ 5.보호복탈의실-14㎡ 6.샤워실-13㎡ 7.갱의실-7㎡ 8.장비보관실-18㎡ 9.내부복도-69㎡ 10.복도전실-8㎡ 11.검사실-5㎡

간호사동선

간호스테이션-보호복보관실 / 보호복착의실-간호스테이션-준비실/청결물실-간호스테이션-복도전실-내부복도-(장비보관실)-병실전실-음압격리병실-병실전실-내부복도-(폐기물처리실)-(내부복도)-보호복탈의실/탈의실/샤워실/갱의실-복도-간호스테이션

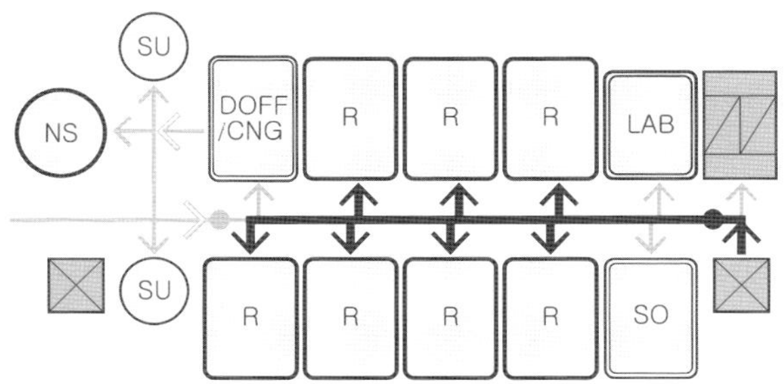

환자동선

(환자전용 출입구)-(출입구 방풍실)-환자전용 승강기-방풍실-복도전실-내부복도-병실전실-음압격리병실

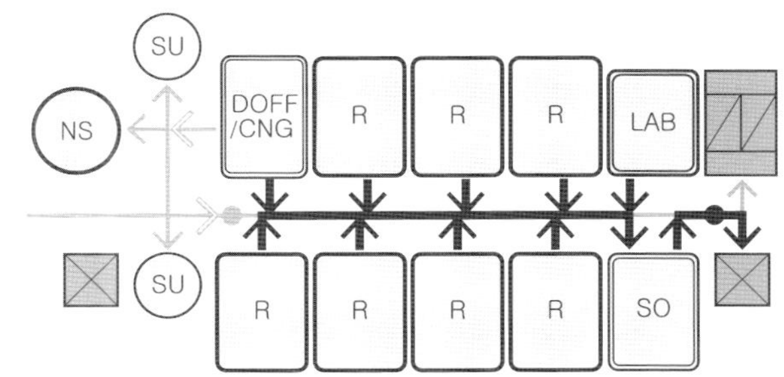

오염물동선

음압격리병실-병실전실 / 샤워실-보호복탈의실 / 검사실 -내부복도-폐기물처리실-(고온고압멸균기)-폐기물처리실(멸균후)-복도전실-방풍실-환자전용승강기-(출입구 방풍실)-(환자전용 출입구)

차압표시

	-2.5pa
	-5pa
	-7.5pa
	-10pa
	-12.5pa

실별표시

1. 음압격리병실	11. 검사실	101. 간호스테이션	111. 오물처리실
2. 병실전실	12. 방풍실	102. 보호복보관실	112. 일반격리실
3. 병실화장실	13. 환자전용승강기	103. 보호복착의실	113. 약품보관실
4. 폐기물처리실	14. 장비세척실	104. 당직실	114. 배선실
5. 보호복탈의실	15. 덤웨이터(오염물)	105. 의료진 휴게실	115. 진료실
6. 샤워실	16. 청소도구실	106. 화장실	116. XRAY실
7. 갱의실	17. 식기반납실	107. 청결물실	117. 대기실
8. 장비보관실	18. BLS 3° 실험실	108. 준비실	118. 오염린넨실
9. 내부복도	19. BLS 3° 멸균실	109. 회의실	119. 화상면회실
10. 복도전실	20. BLS 3° 보관실	110. 간호사실	120. 처치실

3
3
112
112
112
104
112
108
1
1
1
1
1
3
16
3
2
3
2
2
3
3
2
2
3
112
3
10
9
10
111
106
106
5
2
3
2
3
8
101
110
6
4
13
7
108
102
107
7
6
1
1
4
0
3
6
9

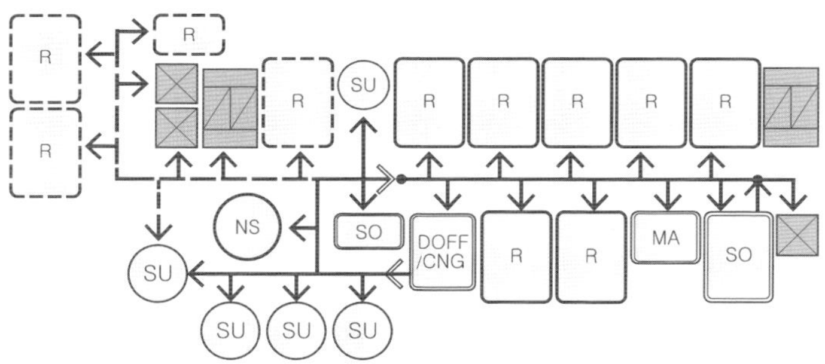

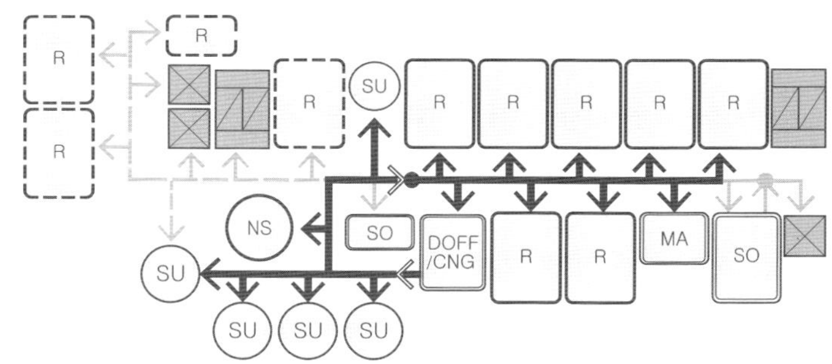

스페이스 다이어그램 / 프로그램

1.음압격리병실-15㎡, 17㎡, 25㎡ 2.병실전실-5㎡ 3.병실화장실-4㎡ 4.폐기물처리실-25㎡ 5.보호복탈의실-6㎡ 6.샤워실-8㎡ 7.갱의실-4㎡ 8.장비보관실-7㎡ 9.내부복도-40㎡ 10.복도전실-6㎡

간호사동선

간호스테이션-보호복보관실-(보호복착의)-준비실/청결물실-간호스테이션-복도전실-내부복도-(장비보관실)-병실전실-음압격리병실-병실전실-내부복도-(폐기물처리실)-(내부복도)-보호복탈의실/탈의실/샤워실/갱의실-복도-간호스테이션

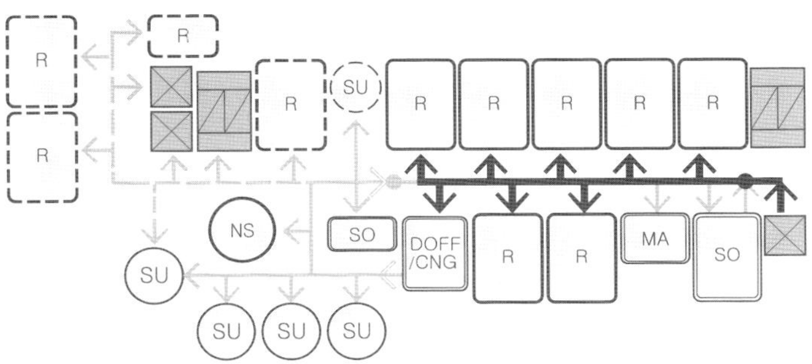

환자동선

(환자전용 출입구)-(출입구 방풍실)-환자전용 승강기-승강기 홀-복도전실-내부복도-병실전실-음압격리병실

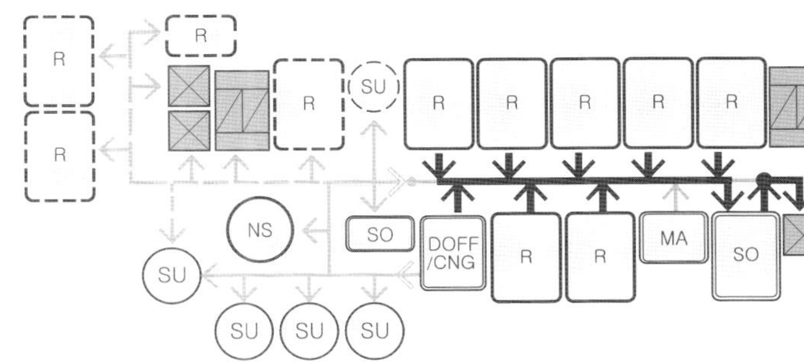

오염물동선

음압격리병실-병실전실 / 샤워실-보호복탈의실-내부복도-폐기물처리실-(고온고압멸균기)-폐기물처리실(멸균후)-복도전실-승강기 홀-환자전용승강기-(출입구 방풍실)-(환자전용 출입구)

차압표시

	-2.5pa
	-5pa
	-7.5pa
	-10pa
	-12.5pa

실별표시

1. 음압격리병실	11. 검사실	101. 간호스테이션	111. 오물처리실
2. 병실전실	12. 방풍실	102. 보호복보관실	112. 일반격리실
3. 병실화장실	13. 환자전용승강기	103. 보호복착의실	113. 약품보관실
4. 폐기물처리실	14. 장비세척실	104. 당직실	114. 배선실
5. 보호복탈의실	15. 덤웨이터(오염물)	105. 의료진 휴게실	115. 진료실
6. 샤워실	16. 청소도구실	106. 화장실	116. XRAY실
7. 갱의실	17. 식기반납실	107. 청결물실	117. 대기실
8. 장비보관실	18. BLS 3˚ 실험실	108. 준비실	118. 오염린넨실
9. 내부복도	19. BLS 3˚ 멸균실	109. 회의실	119. 화상면회실
10. 복도전실	20. BLS 3˚ 보관실	110. 간호사실	120. 처치실

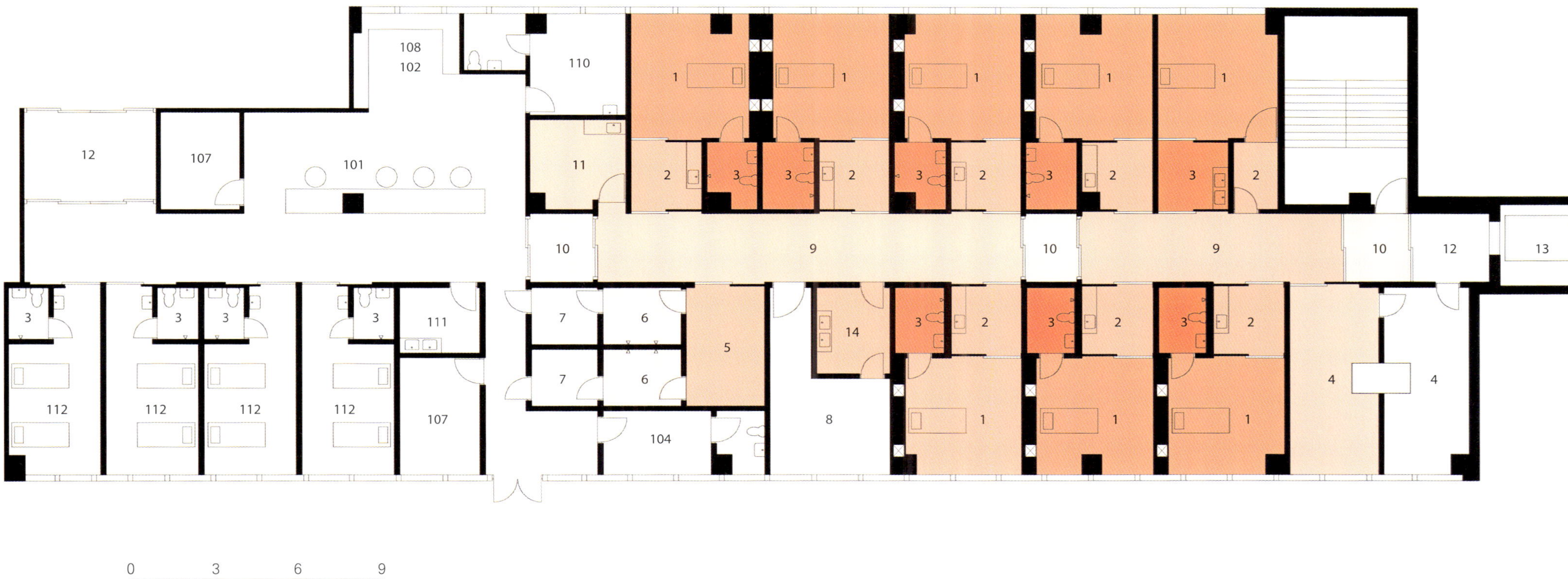
108
102
110
1
1
1
1
1
12
107
101
11
2
3
3
2
3
2
3
2
3
2
10
9
10
9
10
12
13
3
3
3
3
111
7
6
5
14
3
2
3
2
3
2
7
6
4
4
112
112
112
112
107
104
8
1
1
1
0
3
6
9

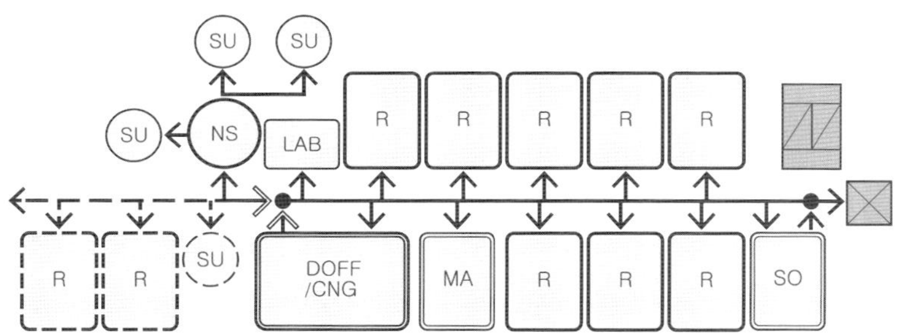

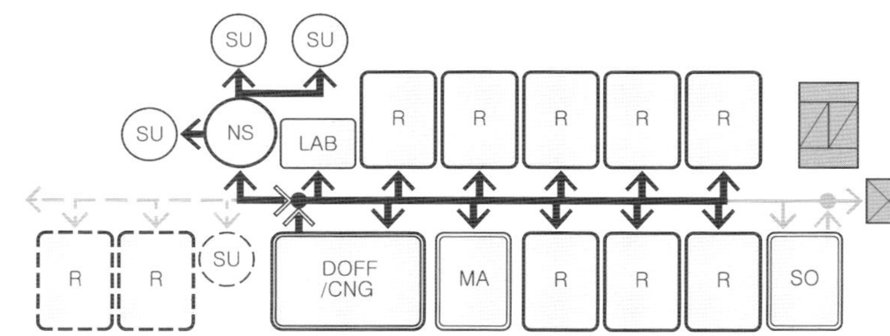

스페이스 다이어그램 / 프로그램

1.음압격리병실-19㎡ 2.병실전실-7㎡ 3.병실화장실-4㎡, 6㎡ 4.폐기물처리실-41㎡ 5.보호복탈의실-12㎡ 6.샤워실-6㎡ 7.갱의실-5㎡ 8.장비보관실-20㎡ 9.내부복도-23㎡, 38㎡ 10.복도전실-6㎡ 11.검사실-10㎡ 14.장비세척실-9㎡

간호사동선

간호스테이션-보호복보관실/준비실-(보호복착의)-복도전실1-내부복도-(복도전실2)-(장비보관실)-병실전실-음압격리병실-병실전실-내부복도-(복도전실2)-(폐기물처리실)-(내부복도)-보호복탈의실/샤워실/갱의실-복도-간호스테이션

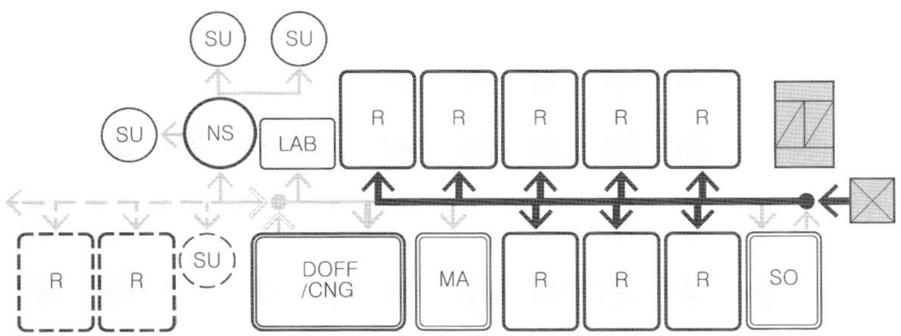

환자동선

(환자전용 출입구)-(출입구 방풍실)-환자전용 승강기-방풍실-내부복도-(복도전실2)-(내부복도)-병실전실-음압격리병실

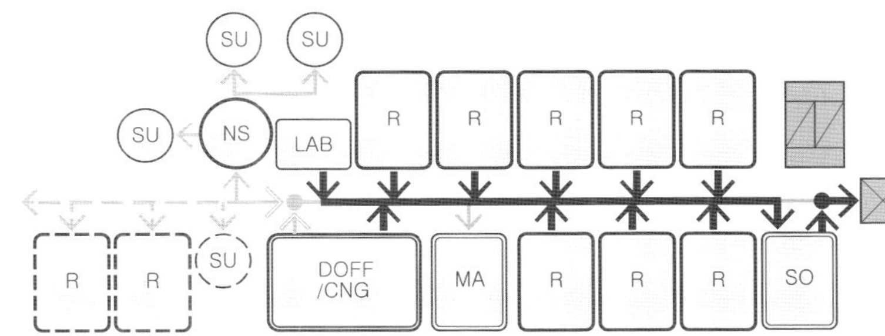

오염물동선

음압격리병실-병실전실 / 샤워실-보호복탈의실 / 검사실-내부복도-폐기물처리실-(고온고압멸균기)-폐기물처리실(멸균후)-방풍실-환자전용승강기-(출입구 방풍실)-(환자전용 출입구)

차압표시
-2.5pa
-5pa
-7.5pa
-10pa
-12.5pa

실별표시			
1. 음압격리병실	11. 검사실	101. 간호스테이션	111. 오물처리실
2. 병실전실	12. 방풍실	102. 보호복보관실	112. 일반격리실
3. 병실화장실	13. 환자전용승강기	103. 보호복착의실	113. 약품보관실
4. 폐기물처리실	14. 장비세척실	104. 당직실	114. 배선실
5. 보호복탈의실	15. 덤웨이터(오염물)	105. 의료진 휴게실	115. 진료실
6. 샤워실	16. 청소도구실	106. 화장실	116. XRAY실
7. 갱의실	17. 식기반납실	107. 청결물실	117. 대기실
8. 장비보관실	18. BLS 3' 실험실	108. 준비실	118. 오염린넨실
9. 내부복도	19. BLS 3' 멸균실	109. 회의실	119. 화상면회실
10. 복도전실	20. BLS 3' 보관실	110. 간호사실	120. 처치실

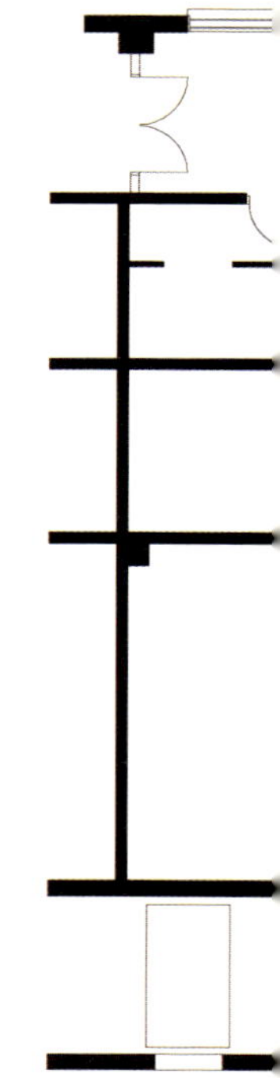

음압격리구역의 단계별 활용

음압격리병동은 감염병의 심각도, 전파력, 격리수준을 고려하여 원내감염이 발생하지 않도록 운영한다. 이런 이유로 평시에 간헐적으로 발생하는 고위험 감염병 환자가 입원할 때 기존의 환자를 다른 병실로 이동하고 잔여 음압격리병실을 운영하지 못하는 경우가 발생한다.

음압격리병동의 사용 효율을 높이고 원내감염을 예방하기 위해 구역을 나누어 운영하도록 계획할 수 있다. 각 구역은 별도의 급 · 배기 및 공조설비를 하여 두 구역의 공기가 섞이지 않도록 해야 한다. 그리고 의료진의 출입, 폐기물의 반출에 따른 오염동선이 다른 구역을 통과하거나 청결동선과 간섭되지 않도록 분리해야 한다.

고위험 감염병 입원환자가 증가하거나 위기시 두 구역을 통합하여 사용하도록 한다.

1 1 1 1 1 3 1
3 2 3 2 3 2 3 2 2 2 3 13
10 9 10 9 10 12
102
107
101
7 6 5 2 3 2 3 2 3 7 5 8 4
6
105 110 106 106 7 6 1 1 1 11 4
109
0 3 6 9

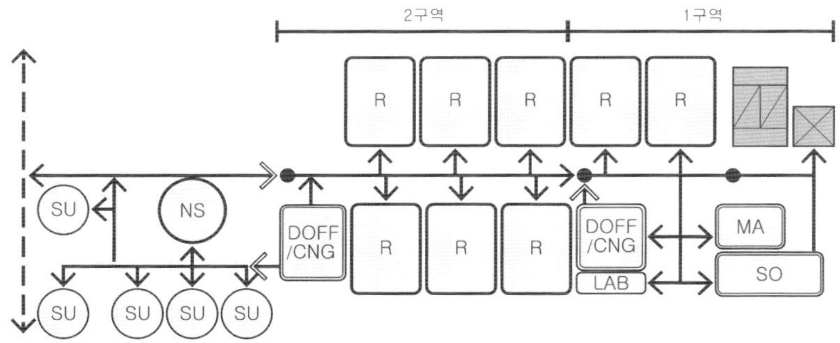

1구역만 사용 시

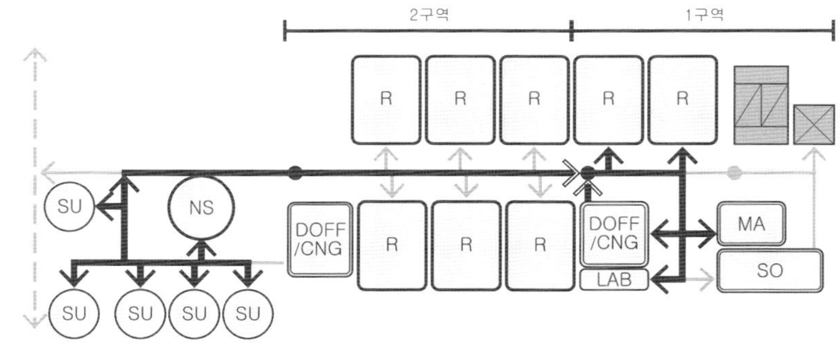

스페이스 다이어그램 / 프로그램

1.음압격리병실-17㎡, 21㎡, 31㎡ 2.병실전실-5㎡, 7㎡, 9㎡ 3.병실화장실-4㎡, 6㎡ 4.폐기물처리실-28㎡ 5.보호복탈의실-11㎡ 6.샤워실-3㎡, 5㎡ 7.갱의실-3㎡, 5㎡ 8.장비보관실-14㎡ 9.내부복도-26㎡, 55㎡ 10.복도전실-8㎡ 11.검사실-13㎡

간호사동선 1

간호스테이션-보호복보관실/청결물실-(보호복착의)-2구역 복도전실(비음압)-2구역 내부복도(비음압)-1구역 복도전실-1구역 내부복도-(장비보관실)-병실전실-음압격리병실-병실전실-내부복도-(복도전실2)-(폐기물처리실)-(내부복도)-보호복탈의실/샤워실/갱의실-1구역 복도전실-2구역 내부복도(비음압)-2구역 복도전실(비음압)-간호스테이션

간호사동선 2

간호스테이션-보호복보관실/청결물실-(보호복착의)-2구역 복도전실(비음압)-2구역 내부복도(비음압)-병실전실-음압격리병실-병실전실-2구역 내부복도(비음압)-2구역 복도전실(비음압)-간호스테이션

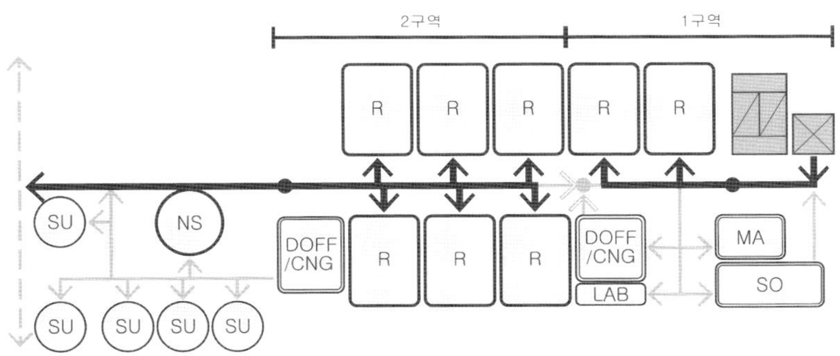

환자동선 1

(환자전용 출입구)-(출입구 방풍실)-환자전용 승강기-방풍실-1구역 복도전실-1구역 내부복도-병실전실-음압격리병실

환자동선 2

병동 출입구-간호스테이션-2구역 복도전실(비음압)-2구역 내부복도(비음압)-병실전실-음압격리병실

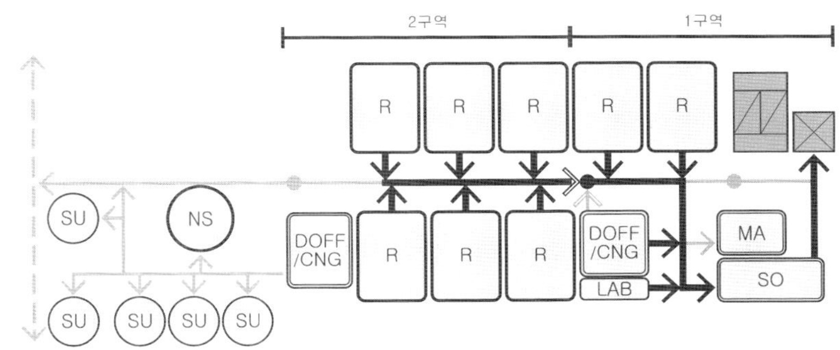

오염물동선

음압격리병실-병실전실 / 샤워실-보호복탈의실 / 검사실-내부복도-폐기물처리실-(고온고압멸균기)-폐기물처리실(멸균후)-방풍실-환자전용승강기-(출입구 방풍실)-(환자전용 출입구)

차압표시

- -2.5pa
- -5pa
- -7.5pa
- -10pa
- -12.5pa

실별표시

1. 음압격리병실
2. 병실전실
3. 병실화장실
4. 폐기물처리실
5. 보호복탈의실
6. 샤워실
7. 갱의실
8. 장비보관실
9. 내부복도
10. 복도전실
11. 검사실
12. 방풍실
13. 환자전용승강기
14. 장비세척실
15. 덤웨이터(오염물)
16. 청소도구실
17. 식기반납실
18. BLS 3˚ 실험실
19. BLS 3˚ 멸균실
20. BLS 3˚ 보관실
101. 간호스테이션
102. 보호복보관실
103. 보호복착의실
104. 당직실
105. 의료진 휴게실
106. 화장실
107. 청결물실
108. 준비실
109. 회의실
110. 간호사실
111. 오물처리실
112. 일반격리실
113. 약품보관실
114. 배선실
115. 진료실
116. XRAY실
117. 대기실
118. 오염린넨실
119. 화상면회실
120. 처치실

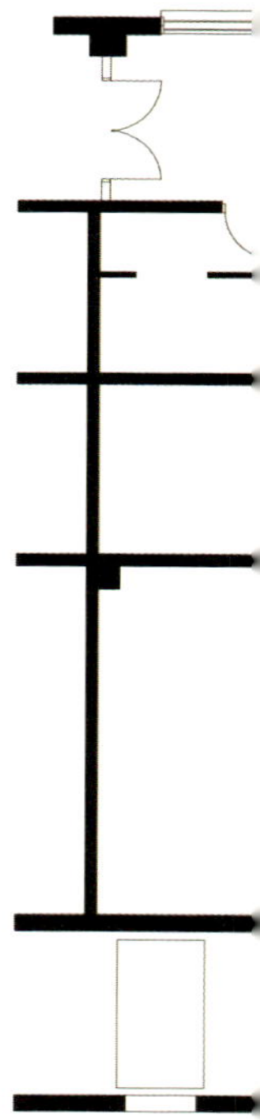

1
2
3
4
5
6
7
8
9
10
11
12
13
101
102
105
106
107
109
110
0 3 6 9

1,2구역 사용 시

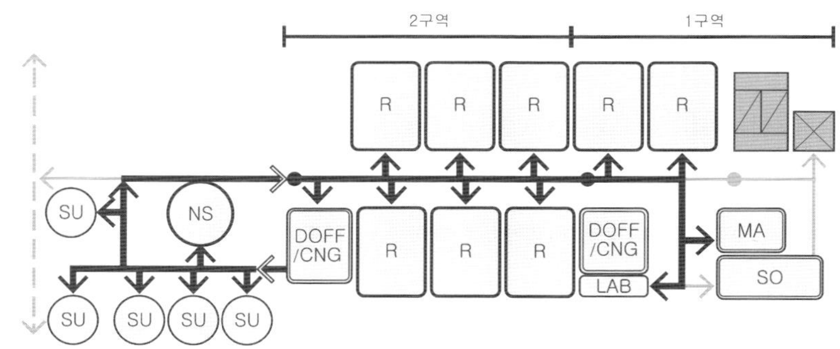

간호사동선

간호스테이션-보호복보관실/청결물실-(보호복착의)-2구역 복도전실-내부복도(1,2구역 통합)-(장비보관실)-병실전실-음압격리병실-병실전실-내부복도(1,2구역 통합)-(폐기물처리실)-(내부복도)-보호복탈의실/샤워실/갱의실-복도-지원시설(간호사실, 화장실)-간호스테이션

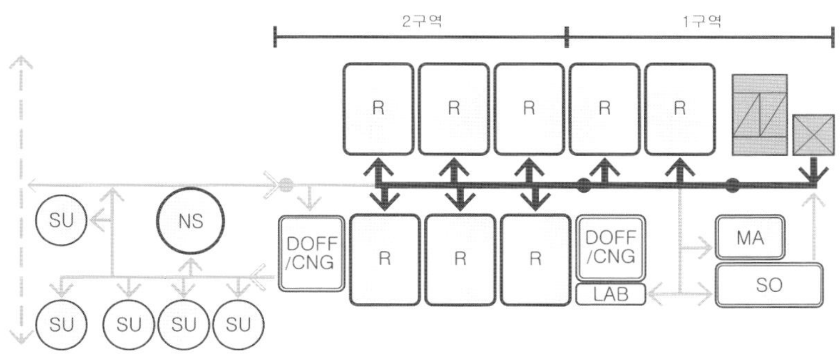

환자동선

(환자전용 출입구)-(출입구 방풍실)-환자전용 승강기-방풍실-1구역 복도전실-내부복도(1,2구역 통합)-병실전실-음압격리병실

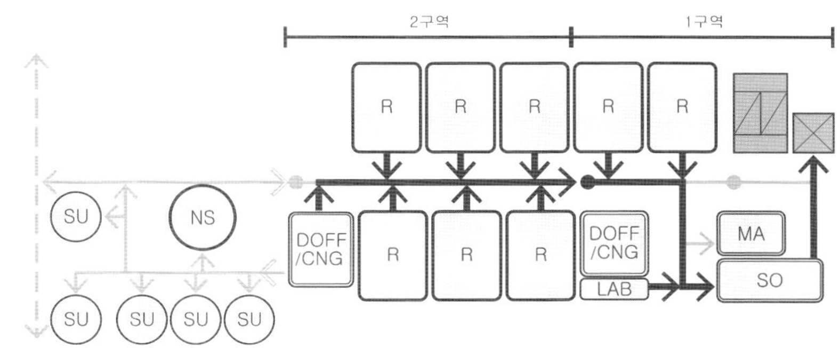

오염물동선

음압격리병실-병실전실 / 샤워실-보호복탈의실 / 검사실-내부복도(1,2구역 통합)-폐기물처리실-(고온고압멸균기)-폐기물처리실(멸균후)-방풍실-환자전용승강기-(출입구 방풍실)-(환자전용 출입구)

차압표시

- -2.5pa
- -5pa
- -7.5pa
- -10pa
- -12.5pa

실별표시

1. 음압격리병실
2. 병실전실
3. 병실화장실
4. 폐기물처리실
5. 보호복탈의실
6. 샤워실
7. 갱의실
8. 장비보관실
9. 내부복도
10. 복도전실
11. 검사실
12. 방풍실
13. 환자전용승강기
14. 장비세척실
15. 덤웨이터(오염물)
16. 청소도구실
17. 식기반납실
18. BLS 3⁺ 실험실
19. BLS 3⁺ 멸균실
20. BLS 3⁺ 보관실

101. 간호스테이션
102. 보호복보관실
103. 보호복착의실
104. 당직실
105. 의료진 휴게실
106. 화장실
107. 청결물실
108. 준비실
109. 회의실
110. 간호사실
111. 오물처리실
112. 일반격리실
113. 약품보관실
114. 배선실
115. 진료실
116. XRAY실
117. 대기실
118. 오염린넨실
119. 화상면회실
120. 처치실

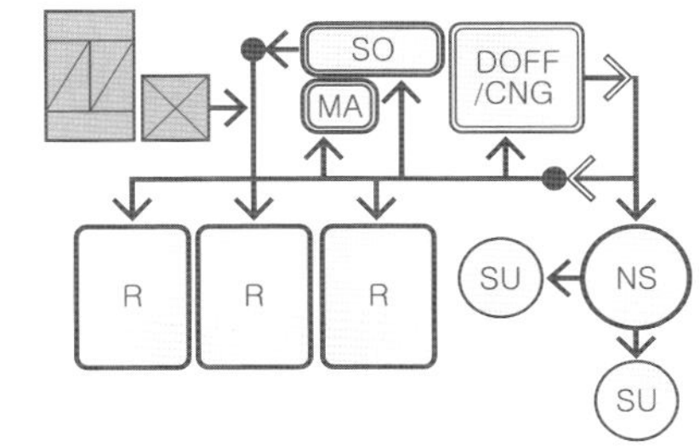

스페이스 다이어그램 / 프로그램

1.음압격리병실-16㎡ 2.병실전실-4㎡ 3.병실화장실-4㎡ 4.폐기물처리실-14㎡ 5.보호복탈의실-7㎡ 6.샤워실-2㎡ 7.갱의실-3㎡ 8.장비보관실-5㎡ 9.내부복도-36㎡ 10.복도전실-4㎡, 6㎡

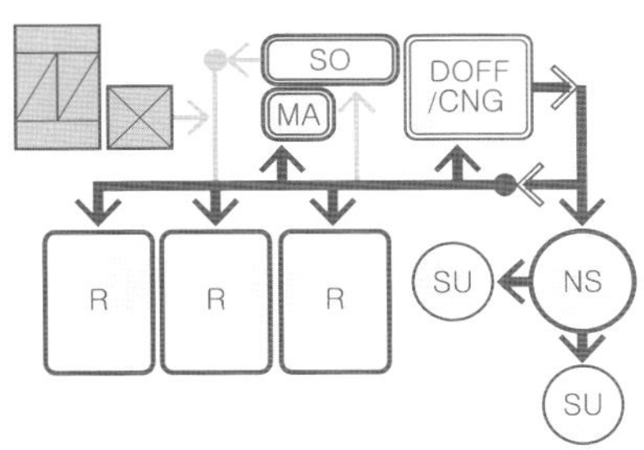

간호사동선

간호스테이션-보호복보관실-(보호복착의)-청결물실-복도전실-내부복도-(장비보관실)-병실전실-음압격리병실-병실전실-내부복도-(오물처리실)-(폐기물처리실)-(내부복도)-보호복탈의실/샤워실/갱의실-복도-간호스테이션

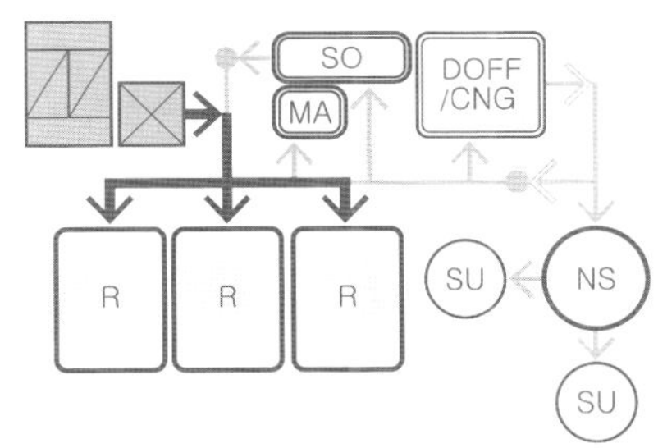

환자동선

(환자전용 출입구)-(출입구 방풍실)-환자전용 승강기-방풍실-복도전실-내부복도-병실전실-음압격리병실

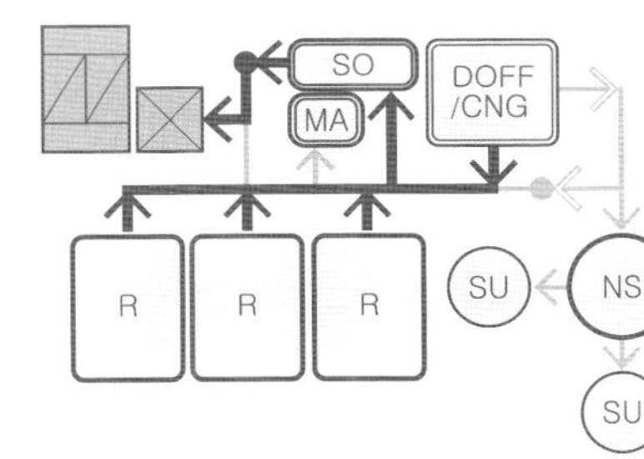

오염물동선

음압격리병실-병실전실 / 샤워실-보호복탈의실-내부복도-폐기물처리실-(고온고압멸균기)-폐기물처리실(멸균후)-복도전실-방풍실-환자전용승강기-(출입구 방풍실)-(환자전용 출입구)

차압표시

- -2.5pa
- -5pa
- -7.5pa
- -10pa
- -12.5pa

실별표시

1. 음압격리병실
2. 병실전실
3. 병실화장실
4. 폐기물처리실
5. 보호복탈의실
6. 샤워실
7. 갱의실
8. 장비보관실
9. 내부복도
10. 복도전실
11. 검사실
12. 방풍실
13. 환자전용승강기
14. 장비세척실
15. 덤웨이터(오염물)
16. 청소도구실
17. 식기반납실
18. BLS 3^+ 실험실
19. BLS 3^+ 멸균실
20. BLS 3^+ 보관실

101. 간호스테이션
102. 보호복보관실
103. 보호복착의실
104. 당직실
105. 의료진 휴게실
106. 화장실
107. 청결물실
108. 준비실
109. 회의실
110. 간호사실
111. 오물처리실
112. 일반격리실
113. 약품보관실
114. 배선실
115. 진료실
116. XRAY실
117. 대기실
118. 오염린넨실
119. 화상면회실
120. 처치실

13
12
10
4
1
1
3
1
14
2
8
3
2
3
2
11
5
1
2
9
3
6
6
6
6
104
104
10
102
108
101
2
1
106
7
3
7
0
3
6
9

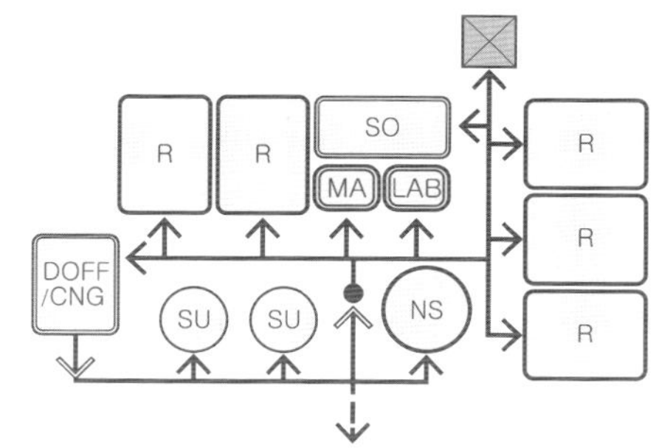

스페이스 다이어그램 / 프로그램

1.음압격리병실-25㎡, 30㎡, 35㎡ 2.병실전실-5㎡, 7㎡ 3.병실 화장실-4㎡, 6㎡ 4.폐기물 처리실-17㎡ 6.샤워실-2㎡ 7.갱의실-5㎡, 7㎡ 8.장비 보관실-12㎡ 9.내부 복도-71㎡ 10.복도전실-6㎡, 13㎡ 11.검사실-6㎡ 14.장비세척실-6㎡

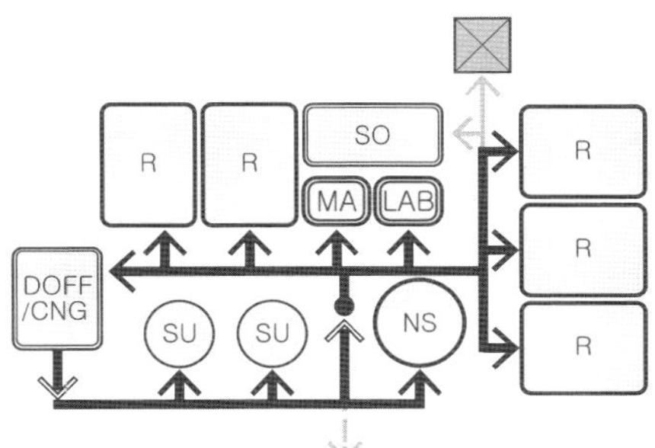

간호사동선

복도-간호스테이션-보호복보관실/준비실-(보호복착의)-간호스테이션-복도-복도전실-내부복도-(장비보관실)-병실전실-음압격리병실-병실전실-내부복도-(장비세척실/장비보관실)-(폐기물처리실)-(내부복도)-보호복탈의실/탈의실/샤워실/갱의실-지원시설(당직실,화장실)-복도-간호스테이션

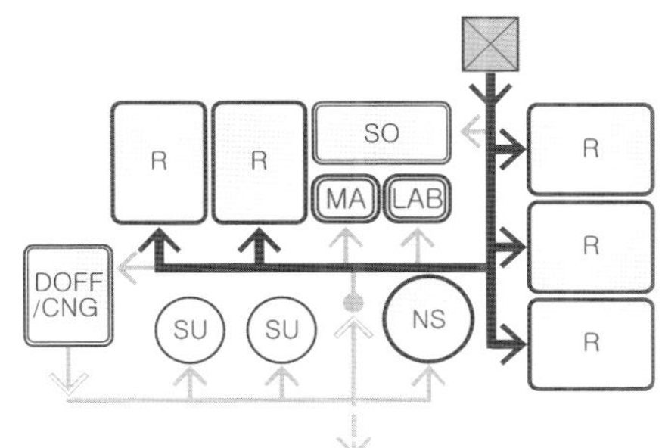

환자동선

(환자전용 출입구)-(출입구 방풍실)-환자전용 승강기-방풍실-복도전실-내부복도-병실전실-음압격리병실

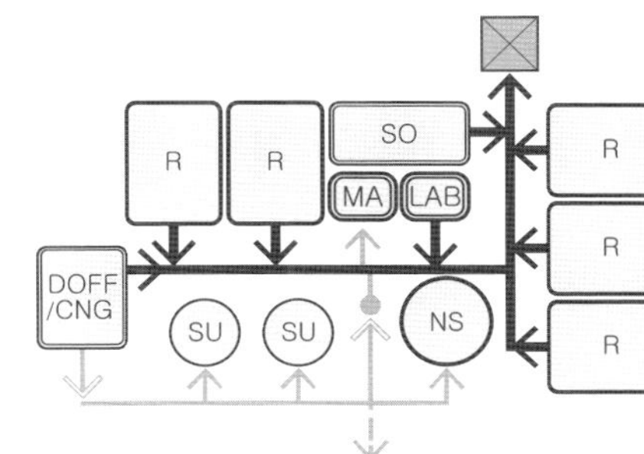

오염물동선

음압격리병실-병실전실 / 샤워실-보호복탈의실 / 검사실-내부복도-폐기물처리실-(고온고압멸균기)-복도전실-방풍실-환자전용승강기-(출입구 방풍실)-(환자전용 출입구)

차압표시

	-2.5pa
	-5pa
	-7.5pa
	-10pa
	-12.5pa

실별표시

1. 음압격리병실	11. 검사실	101. 간호스테이션	111. 오물처리실
2. 병실전실	12. 방풍실	102. 보호복보관실	112. 일반격리실
3. 병실화장실	13. 환자전용승강기	103. 보호복착의실	113. 약품보관실
4. 폐기물처리실	14. 장비세척실	104. 당직실	114. 배선실
5. 보호복탈의실	15. 덤웨이터(오염물)	105. 의료진 휴게실	115. 진료실
6. 샤워실	16. 청소도구실	106. 화장실	116. XRAY실
7. 갱의실	17. 식기반납실	107. 청결물실	117. 대기실
8. 장비보관실	18. BLS 3' 실험실	108. 준비실	118. 오염린넨실
9. 내부복도	19. BLS 3' 멸균실	109. 회의실	119. 화상면회실
10. 복도전실	20. BLS 3' 보관실	110. 간호사실	120. 처치실

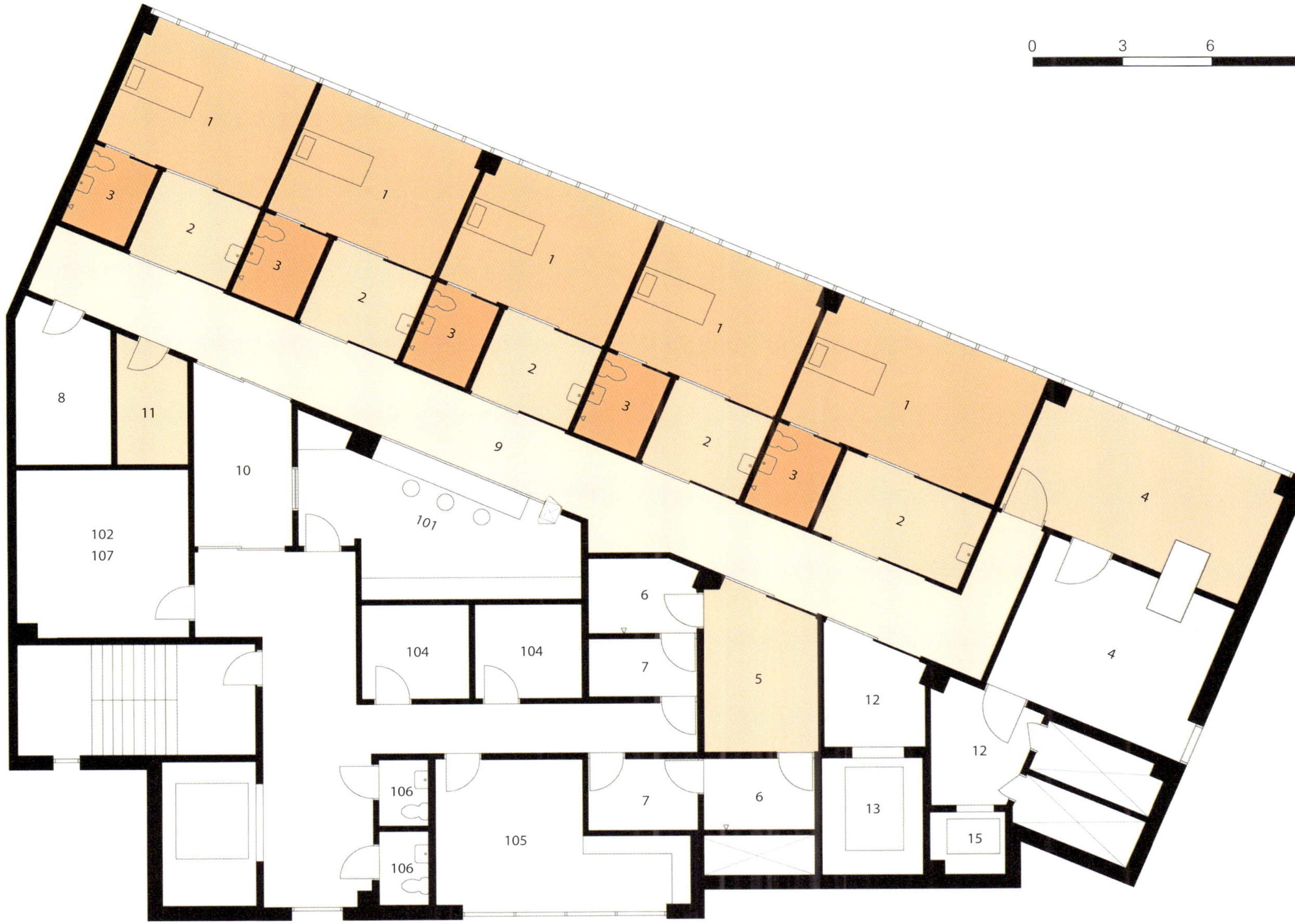
0
3
6
9
1
1
1
1
1
3
3
3
3
3
2
2
2
2
2
4
4
8
11
9
10
101
102
107
6
7
104
104
5
12
12
7
6
13
15
106
106
105

R : 음압병실
LAB : 검사실
MA : 장비실
SO : 폐기(오염)물실
SU : 지원시설
NS : 간호스테이션

비음압구역시설
기타병실
기타지원시설
전실
계단실
엘리베이터
음압구역시설

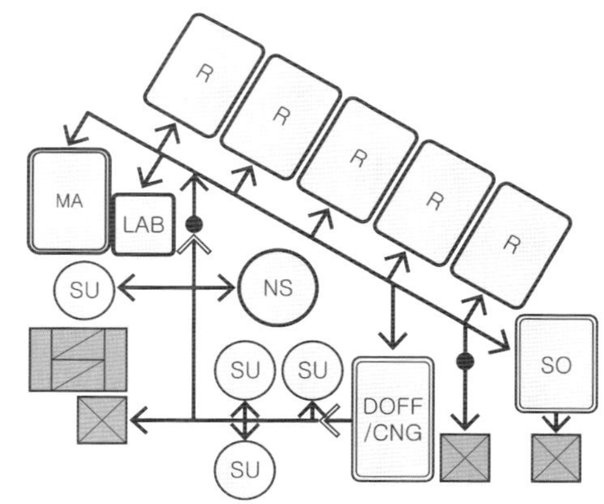

스페이스 다이어그램 / 프로그램

1.음압격리병실-18㎡, 23㎡ 2.병실전실-6㎡ 3.병실화장실-4㎡ 4.폐기물처리실-47㎡ 5.보호복탈의실-13㎡ 6.샤워실-6㎡, 5㎡ 7.갱의실-4㎡, 6㎡ 8.장비보관실-17㎡ 9.내부복도-5㎡ 10.복도전실-11㎡ 11.검사실-6㎡

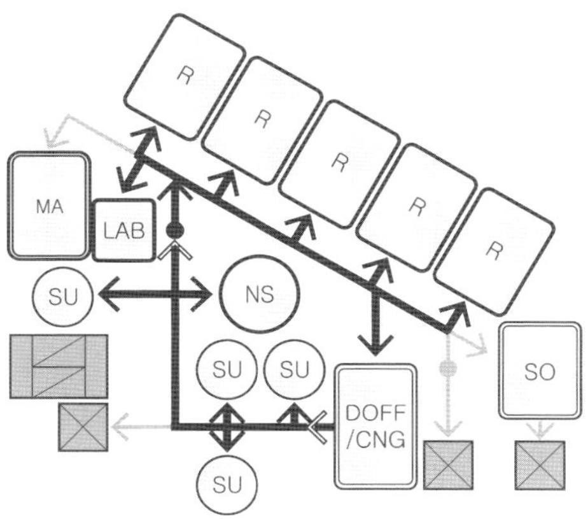

간호사동선

복도-간호스테이션-복도-보호복보관실/청결물실-(보호복착의)-복도전실-내부복도-(장비보관실)-병실전실-음압격리병실-병실전실-내부복도-(장비보관실)-(폐기물처리실)-(내부복도)-보호복탈의실/샤워실/갱의실-지원시설(간호사실,당직실,화장실)-복도-간호스테이션

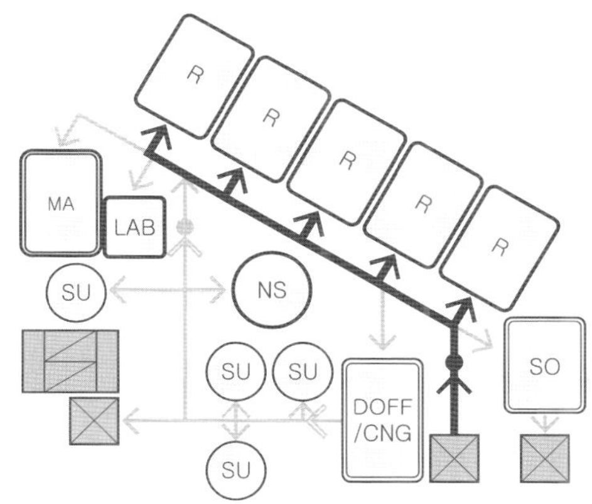

환자동선

(환자전용 출입구)-(출입구 방풍실)-환자전용 승강기-내부복도-병실전실-음압격리병실

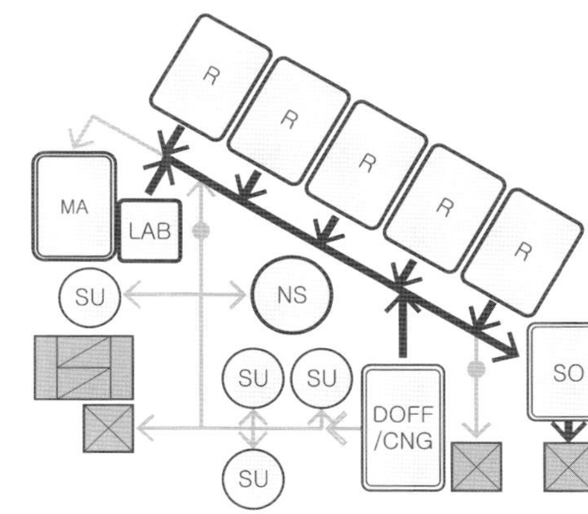

오염물동선

음압격리병실-병실전실 / 샤워실-보호복탈의실 / 검사실-내부복도-폐기물처리실-(고온고압멸균기)-폐기물처리실(멸균후)-방풍실-덤웨이터(오염물)

차압표시

- -2.5pa
- -5pa
- -7.5pa
- -10pa
- -12.5pa

실별표시

1. 음압격리병실
2. 병실전실
3. 병실화장실
4. 폐기물처리실
5. 보호복탈의실
6. 샤워실
7. 갱의실
8. 장비보관실
9. 내부복도
10. 복도전실
11. 검사실
12. 방풍실
13. 환자전용승강기
14. 장비세척실
15. 덤웨이터(오염물)
16. 청소도구실
17. 식기반납실
18. BLS 3' 실험실
19. BLS 3' 멸균실
20. BLS 3' 보관실
101. 간호스테이션
102. 보호복보관실
103. 보호복착의실
104. 당직실
105. 의료진 휴게실
106. 화장실
107. 청결물실
108. 준비실
109. 회의실
110. 간호사실
111. 오물처리실
112. 일반격리실
113. 약품보관실
114. 배선실
115. 진료실
116. XRAY실
117. 대기실
118. 오염린넨실
119. 화상면회실
120. 처치실

1
1
1
3
2
2
3
2
3
114
10
3
1
2
6
6
108
5
101
7
7
3
1
2
1
9
107
108
110
106
101
3
3
1
102
2
1
14
3
8
4
10
4
11
13
0
3
6
9

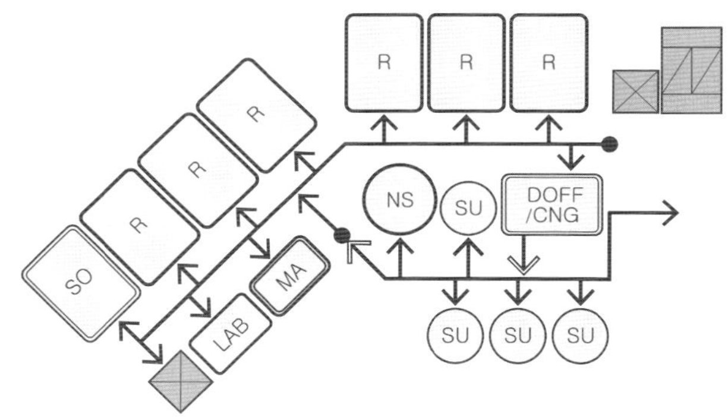

스페이스 다이어그램 / 프로그램

1.음압격리병실-18㎡, 21㎡, 26㎡ 2.병원전실-5㎡, 9㎡, 11㎡ 3.병실화장실-4㎡, 8㎡ 4.폐기물처리실-40㎡ 5.보호복탈의실-12㎡ 6.샤워실-5㎡, 8㎡ 7.갱의실-5㎡ 8.장비보관실-12㎡ 9.내부복도-77㎡ 10.복도전실-9㎡ 11.검사실-9㎡

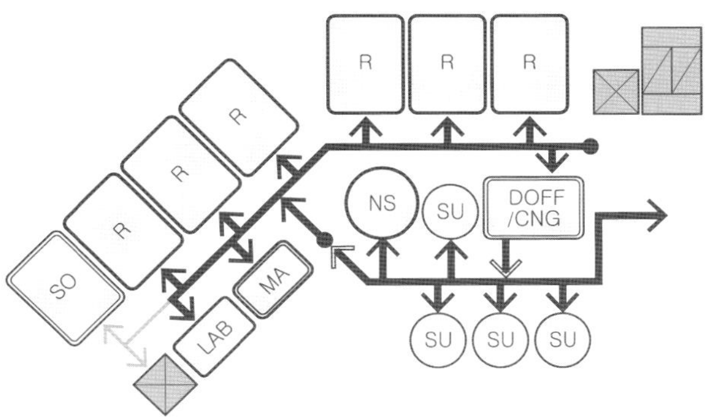

간호사동선

복도-간호스테이션-보호복보관실/보호복착의실-(보호복착의)-준비실-복도전실-내부복도-(장비보관실)-병실전실-음압격리병실-병실전실-내부복도-(장비세척실/장비보관실)-(폐기물처리실)-(내부복도)-보호복탈의실/샤워실/갱의실-복도-지원시설(간호사실,화장실)-복도-간호스테이션

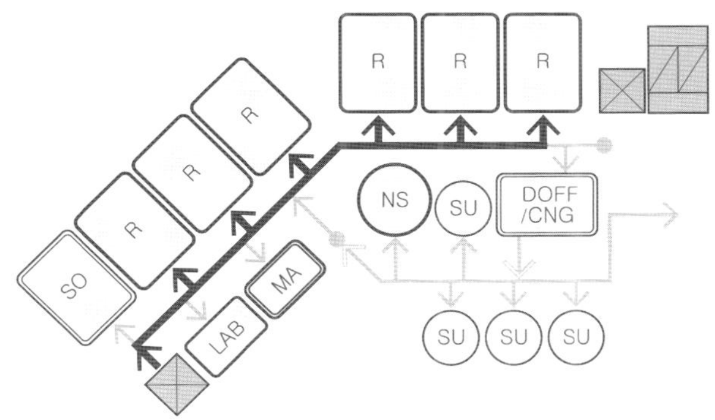

환자동선

(환자전용 출입구)-(출입구 방풍실)-환자전용 승강기-방풍실-복도전실-내부복도-병실전실-음압격리병실

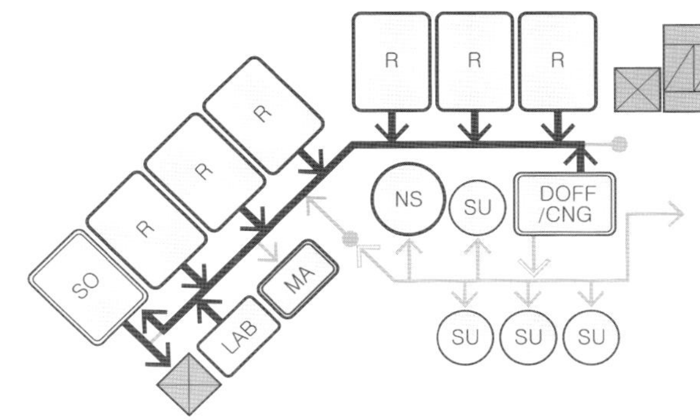

오염물동선

음압격리병실-병실전실 / 샤워실-보호복탈의실 / 검사실-내부복도-복도전실-폐기물처리실-(고온고압멸균기)-폐기물처리실(멸균후)-복도전실-방풍실-환자전용승강기-(출입구 방풍실)-(환자전용 출입구)

차압표시

- -2.5pa
- -5pa
- -7.5pa
- -10pa
- -12.5pa

실별표시

1. 음압격리병실
2. 병실전실
3. 병실화장실
4. 폐기물처리실
5. 보호복탈의실
6. 샤워실
7. 갱의실
8. 장비보관실
9. 내부복도
10. 복도전실
11. 검사실
12. 방풍실
13. 환자전용승강기
14. 장비세척실
15. 덤웨이터(오염물)
16. 청소도구실
17. 식기반납실
18. BLS 3^+ 실험실
19. BLS 3^+ 멸균실
20. BLS 3^+ 보관실

101. 간호스테이션
102. 보호복보관실
103. 보호복착의실
104. 당직실
105. 의료진 휴게실
106. 화장실
107. 청결물실
108. 준비실
109. 회의실
110. 간호사실
111. 오물처리실
112. 일반격리실
113. 약품보관실
114. 배선실
115. 진료실
116. XRAY실
117. 대기실
118. 오염린넨실
119. 화상면회실
120. 처치실

0 3 6 9
112
112
112
111
109
106
106
105
104
102
13
12
10
7
7
5
108
101
10
6
6
10
3
2
1
9
9
4
4
8
14
2
3
2
3
2
3
2
3
2
3
2
3
2
3
2
3
1
1
1
1
1
1
1

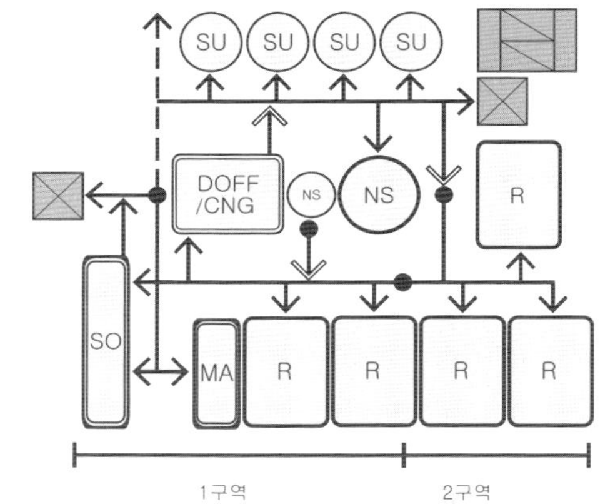

스페이스 다이어그램 / 프로그램

1.음압격리병실-16㎡, 23㎡ 2.병원전실-4㎡, 10㎡ 3.병실화장실-4㎡, 5㎡ 4.폐기물처리실-26㎡ 5.보호복탈의실-11㎡ 6.샤워실-5㎡ 7.갱의실-6㎡ 8.장비보관실-11㎡ 9.내부복도-90㎡ 10.복도전실-4㎡, 10㎡

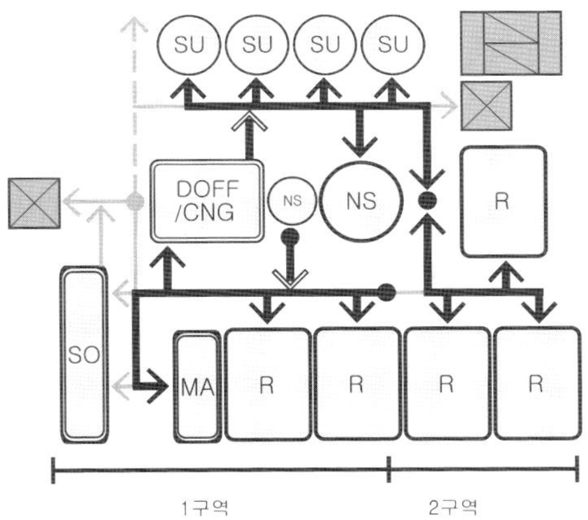

간호사동선 1

간호스테이션-보호복보관실-(보호복착의)-준비실-복도전실(진입전실)-내부복도-(장비보관실)-병실전실-음압격리병실-병실전실-내부복도-(장비세척실/장비보관실)-(폐기물처리실)-(내부복도)-보호복/샤워실/갱의실-복도-지원시설(의료진휴게실,당직실,화장실)-복도-간호스테이션

간호사동선 2

간호스테이션- 준비실-2구역 복도전실-2구역 내부복도-병실전실-음압격리병실-병실전실-2구역 내부복도- 2구역 복도전실-간호스테이션

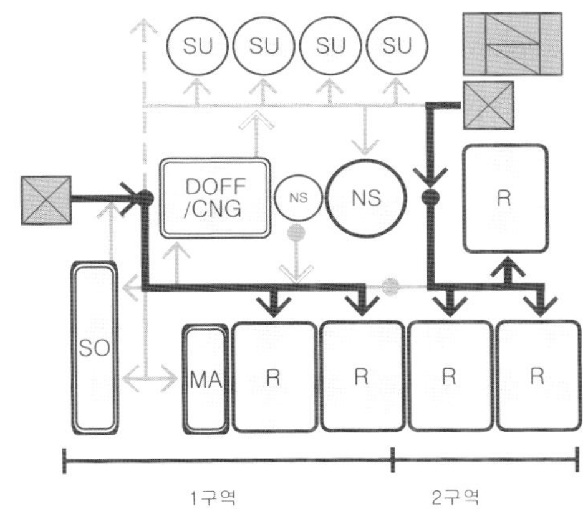

환자동선 1

(환자전용 출입구)-(출입구 방풍실)-환자전용 승강기-방풍실-1구역 복도전실-1구역 내부복도-병실전실-음압격리병실

환자동선 2

병동출입구-2구역 복도전실-2구역 내부복도-병실전실-음압격리병실

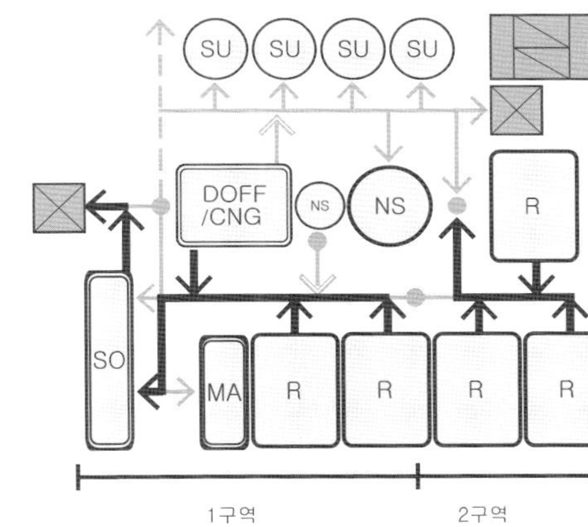

오염물동선

음압격리병실-병실전실 / 샤워실-보호복탈의실 / 검사실-내부복도-폐기물처리실-(고온고압멸균기)-폐기물처리실(멸균후)-방풍실-환자전용승강기-(출입구 방풍실)-(환자전용 출입구)

R : 음압병실
LAB : 검사실
MA : 장비실
SO : 폐기(오염)물실
SU : 지원시설
NS : 간호스테이션

○ 비음압구역시설
▭ (점선) 기타병실
◯ (점선) 기타지원시설
● 전실

계단실
엘리베이터
음압구역시설

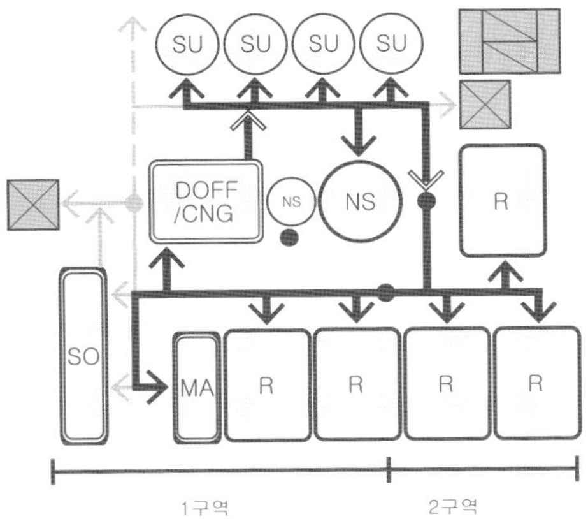

간호사동선

간호스테이션-보호복보관실-(보호복착의)-준비실-복도전실(진입전실)-내부복도(1,2구역 통합)-(장비보관실)-병실전실-음압격리병실-병실전실-내부복도-(장비세척실/장비보관실)-(폐기물처리실)-(내부복도)-보호복/샤워실/갱의실-복도-지원시설(의료진휴게실,당직실,화장실)-복도-간호스테이션

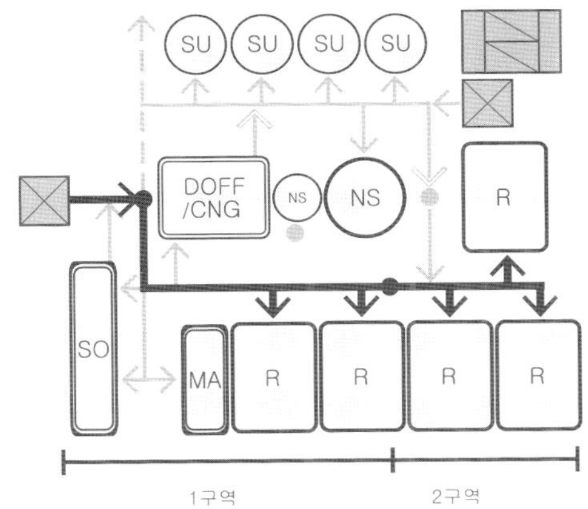

환자동선

(환자전용 출입구)-(출입구 방풍실)-환자전용 승강기-방풍실-1구역 복도전실-내부복도(1,2구역 통합)-병실전실-음압격리병실

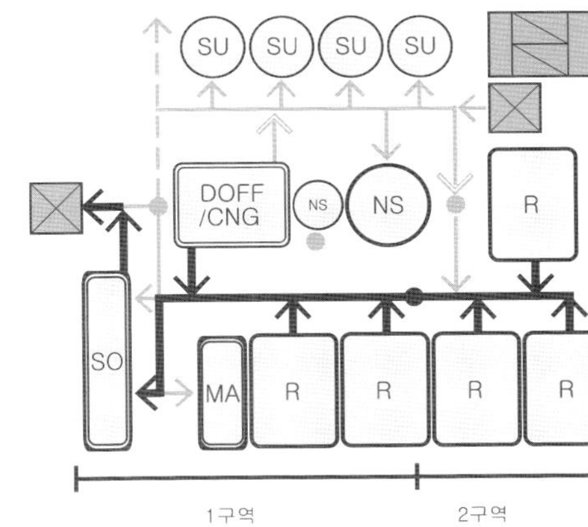

오염물동선

음압격리병실-병실전실 / 샤워실-보호복탈의실 / 검사실-내부복도-폐기물처리실-(고온고압멸균기)-폐기물처리실(멸균후)-방풍실-환자전용승강기-(출입구 방풍실)-(환자전용 출입구)

차압표시

- -2.5pa
- -5pa
- -7.5pa
- -10pa
- -12.5pa

실별표시

1. 음압격리병실
2. 병실전실
3. 병실화장실
4. 폐기물처리실
5. 보호복탈의실
6. 샤워실
7. 갱의실
8. 장비보관실
9. 내부복도
10. 복도전실
11. 검사실
12. 방풍실
13. 환자전용승강기
14. 장비세척실
15. 덤웨이터(오염물)
16. 청소도구실
17. 식기반납실
18. BLS 3' 실험실
19. BLS 3' 멸균실
20. BLS 3' 보관실
101. 간호스테이션
102. 보호복보관실
103. 보호복착의실
104. 당직실
105. 의료진 휴게실
106. 화장실
107. 청결물실
108. 준비실
109. 회의실
110. 간호사실
111. 오물처리실
112. 일반격리실
113. 약품보관실
114. 배선실
115. 진료실
116. XRAY실
117. 대기실
118. 오염린넨실
119. 화상면회실
120. 처치실

고위험 감염병 중환자병동

음압격리중환자실 + 감염환자 전용 복도 + 보호자 공간

간호도별 간호방식(PPC)중 증세가 상당히 중한 환자의 간호 및 치료를 위해서, 고도로 훈련된 간호사들의 면밀한 간호와 관찰이 가능한 응급시에 대처할 수 있는 고도의 시설이다.*
중환자실에서 요구되는 환자의 관찰 및 신속한 접근성을 유지하면서, 고위험 감염환자의 격리 및 동선분리가 가능하도록 구성한다.
음압격리중환자 병실로 구성된 병동으로서 병실의 물리적 구조와 소요 면적, 의료진의 이동 거리를 고려하여 간호단위를 구성한다.

* 중앙감염병전문병원 설립방안 연구개발, 3세부연구, 권순정, 윤형진, 성민기, p356, 2016

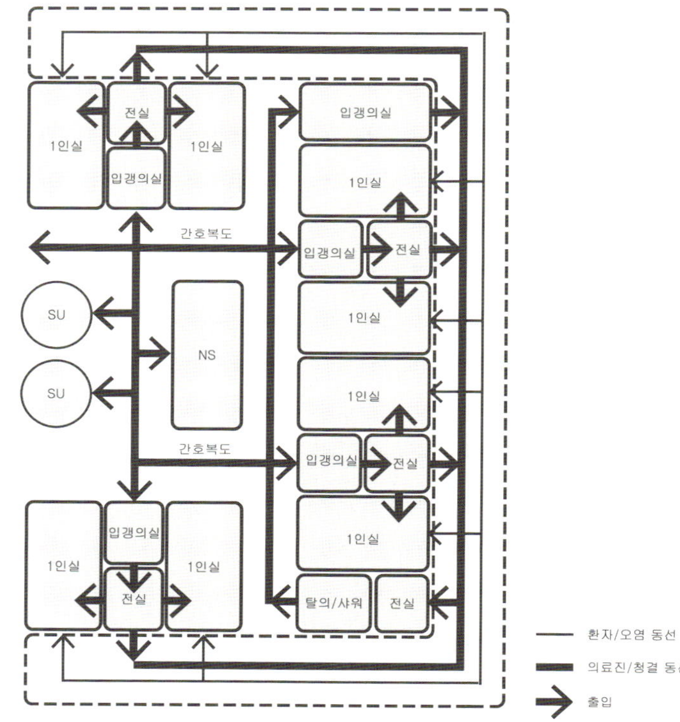

고위험 감염병 중환자병동의 구성*

안전성 확보, 환자 관찰, 의료진의 신속한 접근, 오염구역 및 동선의 분리를 계획의 주안점으로 하였다. 병실로 빠른 진입을 하기 위해 2개 병실마다 1개의 갱의실을 설치하여 환자의 관찰 및 신속한 접근이 가능하도록하고, 필요에 따라 음압을 형성할 수 있도록 하였다.
의료진의 안전을 위하여 간호복도와 환자복도를 각각 오염구역과 청결구역의 동선으로 구분하여 계획하고 갱의실을 통해 순환할 수 있는 구조를 갖는다.
평시와 위기시 인력운영계획이 반영 될 수 있도록 유동적인 관찰 및 간호공간 구조를 갖고 있다.

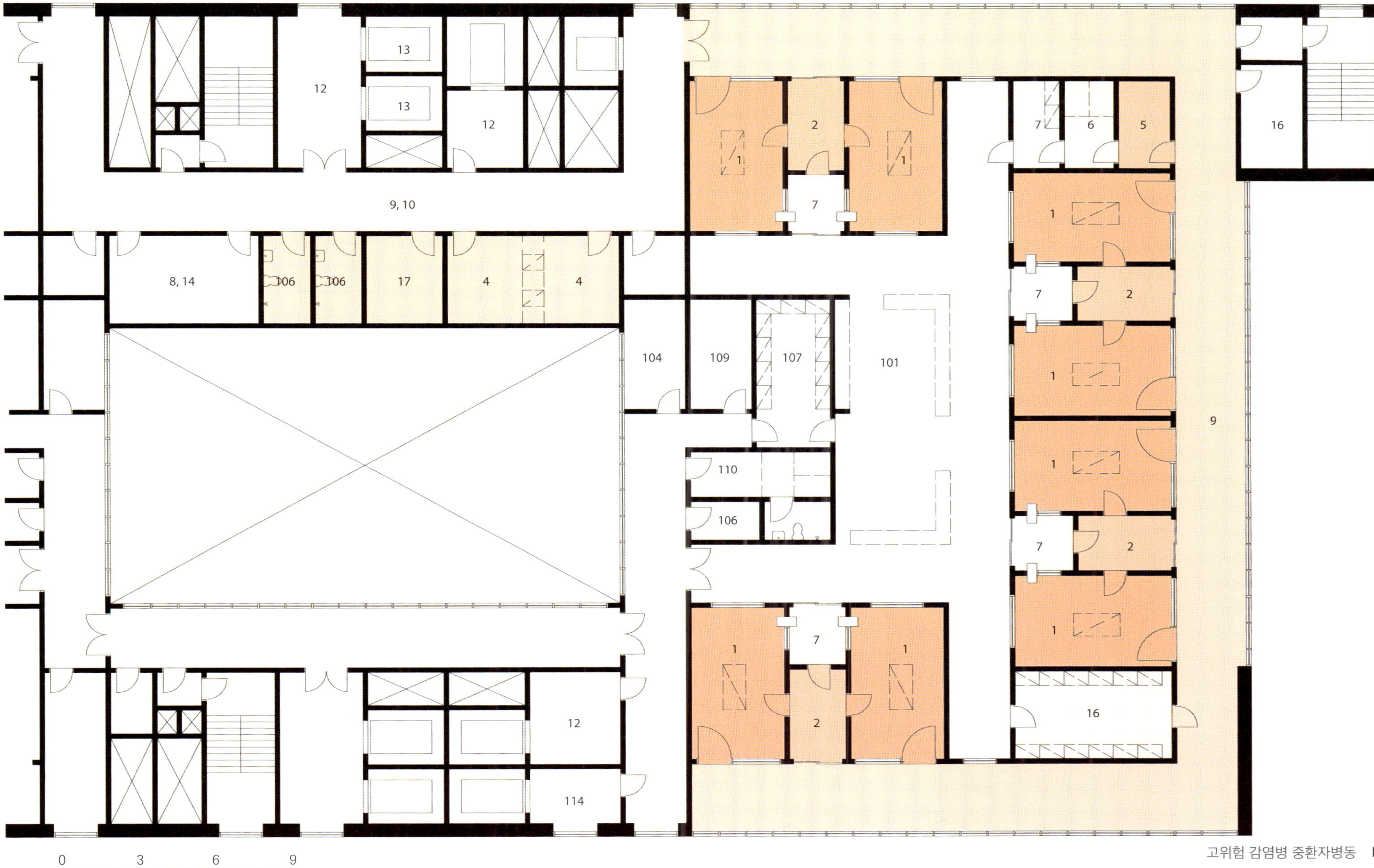
13
13
12
12
9, 10
2
1
1
7
7
6
5
16
8, 14
106
106
17
4
4
1
7
2
104
109
107
101
1
1
9
110
106
7
2
1
1
7
1
1
2
16
12
114
0
3
6
9

차압표시

- -2.5pa
- -5pa
- -7.5pa
- -10pa
- -12.5pa

실별표시

1. 음압격리병실	11. 검사실	101. 간호스테이션	111. 오물처리실
2. 병실전실	12. 방풍실	102. 보호복보관실	112. 일반격리실
3. 병실화장실	13. 환자전용승강기	103. 보호복착의실	113. 약품보관실
4. 폐기물처리실	14. 장비세척실	104. 당직실	114. 배선실
5. 보호복탈의실	15. 덤웨이터(오염물)	105. 의료진 휴게실	115. 진료실
6. 샤워실	16. 청소도구실	106. 화장실	116. XRAY실
7. 갱의실	17. 식기반납실	107. 청결물실	117. 대기실
8. 장비보관실	18. BLS 3⁺ 실험실	108. 준비실	118. 오염린넨실
9. 내부복도	19. BLS 3⁺ 멸균실	109. 회의실	119. 화상면회실
10. 복도전실	20. BLS 3⁺ 보관실	110. 간호사실	120. 처치실

고도격리병동

고위험 감염병 중환자실 + 검사실(BSL3+)

고위험 감염병이나 신종 감염병의 확진 또는 의심 환자를 고도로 격리, 보호, 또는 경과를 조절하여 안전하고 질 높은 의료 서비스를 제공할 수 있는 시설이다.*

BSL+ 검사실을 같은 유닛에 포함하여 고위험 감염병 또는 신종 감염병 검체 유출의 위험을 줄일 수 있다.

중증 환자 치료를 위한 각 실의 충분한 면적 확보, 의료진의 상시 관찰과 신속한 병실의 진입이 용이한 배치가 필요하다.

* B. Bannister et al. EUNID Working Group, Framework for the design and operational management of high-level isolation units in Euope: consensus of the European Network for Infectious Disease, The Lancet infectious Disease vol. 9, No.1, p48, Jan 2009.

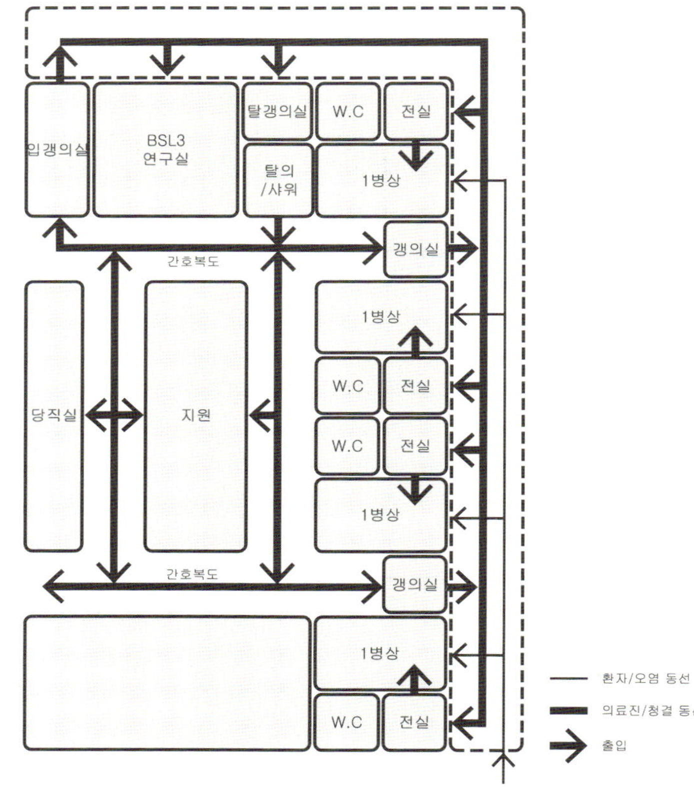

고도격리병동의 구성**

2개의 병실과 관찰코너를 1모듈로 구성하여, 간호사 1인당 2개의 병실을 직접 관찰 가능하고, 모듈단위로 사용 및 제어가 가능하도록 계획하였다.

불필요한 보호복 착용을 최소화하고 의료진의 빠른 진입/ 청결물 전달을 위한 동선을 계획하였다.

지원구역 내 별도의 의료진 지원시설을 계획하는 등 고도격리에 따른 의료진의 스트레스 경감을 위한 요소를 계획에 반영하였다.

**중앙감염병전문병원 설립방안 연구개발, 3세부연구, 권순정, 윤형진, 성민기,p364-373, 2016

9
12
13
13
12
10
5
3
2
16
19
18
6
1
7
10
8, 14
106
106
17
4
10
7
7
20
10
1
104
106
106
107
3
2
2
3
109
107
1
104
105
107
10
12
1
114
3
2
0
3
6
9

우리에게 익숙하지 않았던 껄끄러움이 어느덧 이 사회의 일상처럼 스며들고 있다. 그것은 서릿발처럼 내려앉아 늘상 보던 창 너머의 세상을 가리고 각자를 방에 가두었다. 낯설기만 했던 불안과 공포는 언제든 다시 찾아와 소작쟁이의 보잘것없는 곳간을 비워가는 마름이 될 것임을 알게 된 우리는 이제 다시 창을 닦고 연장을 갈아 그 일상의 길목을 지킬 것이다.

AIIRs

AIRBORNE INFECTION ISOLATION ROOMS

음압격리병실

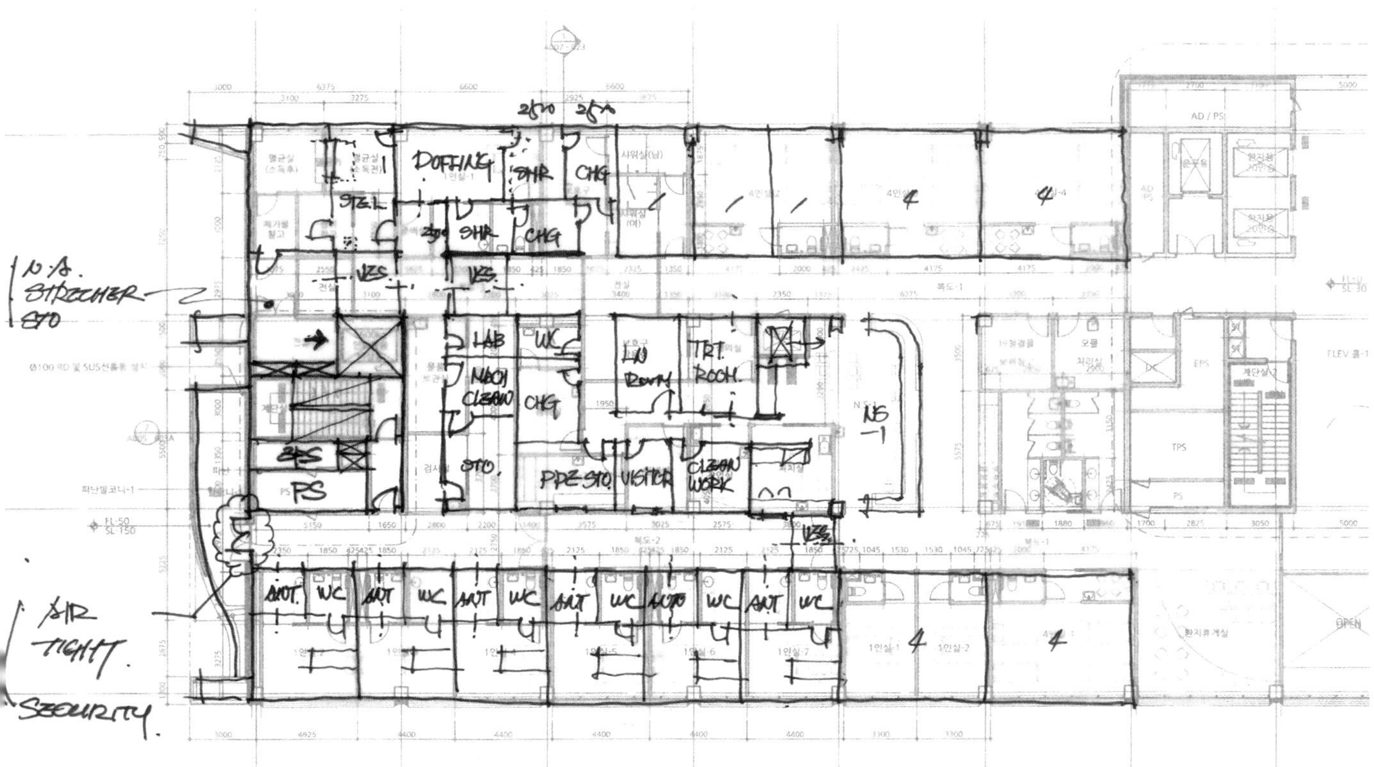

AIIRs
AIRBORNE INFECTION ISOLATION ROOMS
음압격리병실

2020년 12월 11일 초판 인쇄
2020년 12월 17일 초판 발행

지은이 / 윤형진
편　집 / 신미옥, 이석주
펴낸이 / 김기현

발행처 / 도서출판 시공문화사(Spacetime)
등　록 / 1993년 3월 12일 제1-1493
주　소 / 서울시 서대문구 독립문공원길 13 극동프라자 5층
전　화 / 02)3147-1212 · 2323
팩　스 / 02)3147-2626

인　쇄 / 예림인쇄
제　본 / ㈜서정바인텍
출　력 / 에코프린트
용　지 / ㈜대림지업사

ISBN 978-89-5592-439-8

정가 15,000원